普通高等教育"十三五"精品规划教材

计算机仿真技术

——基于 MATLAB 的机械工程设计

主编 郑建校 贺利乐
主审 段志善

中国水利水电出版社
www.waterpub.com.cn
·北京·

内 容 提 要

按照机械工程类专业应该掌握的计算机仿真技术要求,本书介绍了常用的计算机仿真软件,主要讲述以具有强大计算和绘图能力的计算机仿真软件——MATLAB 软件。全书共分为 10 章,包括 MATLAB 语言的基础知识和基本运算,MATLAB 在高等数学中的应用,MATLAB 在机械工程中的应用,MATLAB 在信号处理中的应用,MATLAB 在自动控制原理中的应用,MATLAB 在液压系统设计中的应用,MATLAB 在机电一体化系统设计中的应用,MATLAB 在电子电路中的应用和 Simulink 的应用等内容。书中给出了大量算例,比照这些算例,可以帮助学生应用 MATLAB 软件解决机械工程类课程中常见的求解计算和绘图问题,激发学生的学习兴趣,理解计算机仿真技术对将来解决工程设计带来巨大的好处,并引导学生独立思考、自由探索、勇于创新。

本书涉及面较广,可以作为理工科大学生提高科学计算能力和学习效率的教材和必备工具书,也可以作为相关专业高校师生及技术研究人员、工程师的教材和实际应用参考书。

图书在版编目（ＣＩＰ）数据

计算机仿真技术 ：基于Matlab的机械工程设计 / 郑建校，贺利乐主编． -- 北京 ：中国水利水电出版社，2018.9
ISBN 978-7-5170-6933-1

Ⅰ．①计… Ⅱ．①郑… ②贺… Ⅲ．①计算机仿真－Matlab软件－高等学校－教材 Ⅳ．①TP391.9

中国版本图书馆CIP数据核字(2018)第221831号

	普通高等教育"十三五"精品规划教材	
书　　名	**计算机仿真技术——基于 MATLAB 的机械工程设计** JISUANJI FANGZHEN JISHU——JIYU MATLAB DE JIXIE GONGCHENG SHEJI	
作　　者	主编　郑建校　贺利乐 主审　段志善	
出版发行	中国水利水电出版社 （北京市海淀区玉渊潭南路 1 号 D 座　100038） 网址：www. waterpub. com. cn E-mail：sales@ waterpub. com. cn 电话：(010)68367658(营销中心)	
经　　售	北京科水图书销售中心(零售) 电话：(010)88383994、63202643、68545874 全国各地新华书店和相关出版物销售网点	
排　　版	北京智博尚书文化传媒有限公司	
印　　刷	北京建宏印刷有限公司	
规　　格	185mm×260mm　16 开本　12.5 印张　312 千字	
版　　次	2018 年 9 月第 1 版　2018 年 9 月第 1 次印刷	
印　　数	0001—1000 册	
定　　价	**42.00 元**	

前　言

随着科学技术和计算机技术的迅速发展,作为系统研究重要手段的计算机仿真技术也已经深入到科学研究的各个领域。针对机械工程专业对学生设计、计算能力要求的不断提高,以及计算机软件的广泛应用,本书结合目前的教学、工程实际和作者多年计算机仿真及其他专业课程教学的讲义,介绍了仿真技术的基本概念、计算机仿真三要素、计算机仿真软件的发展和基于 MATLAB 的仿真软件在机械工程专业中的广泛应用。本书作为机械工程专业骨干课程"计算机仿真技术"配套教材,介绍了机械工程专业学生在产品设计、计算等方面所需要的基础知识算例,简单介绍了计算机仿真技术的算法和软件,MATLAB 在高等数学中的应用,MAT-LAB 在机械工程中的应用,MATLAB 在信号处理中的应用,MATLAB 在自动控制原理中的应用,MATLAB 在液压系统设计中的应用,MATLAB 在机电一体化系统设计中的应用,MATLAB 在电子电路中的应用和 Simulink 的应用,能够让学生从庞大的编程命令库中掌握本专业所需要的主要基础知识,针对性很强。

本书由郑建校、贺利乐主编,负责全书的统稿、修改、定稿工作。本书由西安建筑科技大学段志善教授主审。在本书写作的过程中,非常感谢我的同事罗丹老师、杨乃兴老师、白志峰老师、郭宝良老师和武小兰老师的工作和他们提出的良好建议。学生张炜、徐中显、王铭艺、张含飞、吕瑞皓、杨晓兵、纪佳伟、索超、李育等参与了编写工作,他们完成了绘图、内容的编排、算例选取和程序代码调试,祝愿他们在以后的工作和生活中一切顺利,祝愿他们取得更大的成绩。

本书的出版得到了西安建筑科技大学择优立项专业建设项目"机械工程"新办专业(项目编号 1609116011)、"车辆工程"新办专业建设项目(项目编号 1609118004)、2016 年度校级教材建设项目(项目编号 6040417026)和西安建筑科技大学基础研究基金(项目编号6040500860)的大力支持。中国水利水电出版社的有关负责同志对本书的出版给予了大力支持。

本书在写作过程中参考了许多文献,除参考文献中所列的文献以外,还有许多来自于网络,无法一一注明出处,在此向原作者表示感谢!

本书涉及面较广,可以作为相关专业高校师生及技术研究人员、工程师的教材和实际应用参考书。

由于作者水平有限,书中不妥之处在所难免,敬请各位读者给予指正。

编　者

2018 年 6 月

目　　录

第1章 MATLAB 语言概述

【本章导读】

　　本章首先介绍系统与系统模型、仿真技术概论，MATLAB 软件的主要功能；然后介绍 MATLAB 软件的应用领域；最后以 MATLAB R2016a 的安装为例介绍 MATLAB 软件在 Windows、Linux 和 Mac OS X 平台环境下的安装方法。用户可以选择使用 MathWorks 账户激活安装 MATLAB 软件或使用文件安装密钥安装 MATLAB 软件。

【本章要点】

　　(1) 熟悉 MATLAB 软件的主要功能；

　　(2) 了解 MATLAB 软件的应用领域；

　　(3) 掌握 MATLAB 软件在相应环境下的安装方法。

1.1　系统与系统模型

1.1.1　系统的概念

　　在生活、工作等各个方面，我们都离不开系统，它是人们认识世界、改造世界的过程中对某个事物、某个事件进行分析研究及改造的一个载体。作为计算机仿真技术的载体和研究对象，系统是计算机仿真技术中不可或缺的部分，只有确定好系统的内涵和外延才能够对科学研究及工程设计的各个方面进行归纳、综合、协同、集成等方面的工作。由于各个专业、各个层次的研究目标不同，对系统的定义往往千差万别，一般的系统可以定义为：相互关联又相互作用着的对象的有机组合，该有机组合能够完成某项任务或实现某个预定的目标。

1. 系统三要素

　　从以上定义可以看出，作为科学研究及工程设计的系统主要由以下三个要素组成。

　　(1) 对象。系统是由一些相互联系的对象组合而成的，这些对象又称为实体。它可以是一个物理实体，也可以是经济运行的某个模式。例如，一个水温控制系统就是由比较器、调节器、水罐及水、温度传感器等装置组合而成的。

　　(2) 属性。组成系统的每个对象都有特定的属性。水温控制系统中的温度、偏差值、干扰量、燃料量等就是实体的属性。

　　(3) 活动。对象之间的相互关联、相互作用以及为完成某个目标而进行系统内部和外部之间的互动，都是系统的活动。在温度控制系统中，以调节电压或燃料的输入量作为主要的活动。

　　以上这些构成了系统的三个要素，有了这三个要素，系统就可以完成某项任务或实现某个预定的目标，达到研究和设计的目的。

2. 系统的分类

　　系统的分类千差万别，如果从工程应用的角度出发，可以将系统分为工程系统和非工程系统。

（1）工程系统（电气、机电、化工等）。工程系统一般是指可以利用物理、化学等客观规律来进行概括和研究的系统。这也是本章主要介绍的部分。例如，一个复杂的电路可以从节点方程入手对其进行研究分析，也可以从网孔方程出发进行研究分析，两者都可以揭示电路的一些基本定律。

（2）非工程系统（经济、交通管理等）。非工程系统是指由经济、管理等组成的具有一定统计特性的系统，例如，一个工厂管理系统，它可由生产管理部门、原材料仓库、生产加工车间、销售服务部门等组成，各部门是相互联系和相互作用的。

（3）综合系统。综合系统往往是工程系统和非工程系统的综合，例如，对于机电系统，当仅仅考虑机电系统本身的特点时，可以将其看成工程系统，而如果在此基础上考虑人员操作率、生产调配等，则这是一个综合系统。

1.1.2　系统研究的方法

随着科学研究和社会的发展，人类在认识世界、改造世界的过程中逐渐走向深入，科学技术发展所面临的复杂程度日益加深，类似于阿基米德鉴定金冠的科学方法已经不是科学研究和工程设计的主流方式。人们在进行科学研究和工程设计时已经形成了一些行之有效的方法，通过这些方法可以对所要研究或设计的系统进行分析、综合和设计。

1. 系统研究的三种方法

系统研究归纳起来主要有理论解析法、直接试验法与仿真试验法。

（1）理论解析法。理论解析法就是运用已掌握的理论知识对系统进行理论上的分析、计算。它是进行理论学习的一种必然应用的方法，其通过理论的学习掌握有关系统的客观规律，通过理论分析推导来对系统进行研究。

（2）直接试验法。直接试验方法是古人常常采用的方法，譬如伽利略自由落体试验。试验法往往是在系统本身进行试验，试验者利用各种仪器仪表与装置，对系统施加一定类型的激励信号，利用系统的特性输出来进行系统动静态特性的研究，例如，通过给电动机突然加电压来测量电动机的阶跃特性，这种方法具有简明、直观与真实、针对性强的特点，在一些小型系统分析与测试中经常被使用。

但是，这种方法采用实际系统进行试验，其费用较高，系统构成复杂，不确定因素太多，并且有些系统由于实现性、安全性等原因不允许进行直接的试验研究，应用的空间、时间受限太多。

（3）仿真试验法。仿真试验法就是在模型上（物理的或数学的）所进行的系统性能分析与研究的试验方法，它所遵循的基本原则是相似原理。系统模型按照模型的形式可以分为物理模型和数学模型，也可以是两者的结合。

例如，可以用欧姆定律、比例环节和惯性环节等得到相关的控制规律，即系统的数学模型来进行研究；也可以对要设计的系统进行一定比例的缩放，得到缩小或放大的物理模型或者具有一定替代特性的模型来间接地替代。

在物理模型上所进行的仿真试验研究具有效果逼真、精度高等优点，但是存在相对费用较高，且一致性有时难以保证等问题。随着计算机技术和数学理论的飞速发展，人们越来越重视利用数学模型或非实物软件模型来对系统进行研究和设计。这类模型的研究实际上是利用性能相似的原则来进行的，在一定程度上可以替代实际系统来进行"仿真"是可行的。当然，采用何种手段与方法建立高精度的数学模型并能够在计算机上可靠地计算、运行是这种方法成功与否的关键。

2. 用模型进行试验的原因

模型的试验应该说是进行系统研究的主要手段，选择模型进行试验主要有以下几种原因。

（1）系统尚未设计出来。对于控制系统的设计问题，由于实际系统还没有真正建立起来，所以不可能在实际的系统上进行试验研究。例如，设计一个电气控制系统可以先进行系统的仿真计算来选择相应的传感器、电气设备等。

（2）某些试验会对系统造成伤害。实际系统上不允许进行试验研究。例如在化工控制系统中，随意改变系统运行的参数，往往会导致最终产品的报废，造成巨额损失，类似的问题还有很多。

（3）难以保证试验条件的一致性。如果存在人为的因素，则更难保证条件的一致性。对一些设备的操作，每个人的反应能力不同，很难保证设备标准的一致性。可以采用标准的信号或动作来激励系统工作。

（4）费用高。例如，大型加热炉、飞行器及原子能利用等问题的试验研究。

（5）无法复原。有些试验是破坏性试验，无法复原，例如电气设备的耐压试验、设备结构的耐压试验、电视机跌落试验等。

1.2　仿真技术概论

1.2.1　仿真的概念和分类

1. 仿真的基本概念

仿真的基本思想是利用物理的或数学的模型来类比模仿现实过程或真实系统，通过对模型的分析和试验研究系统的行为寻求过程和规律。

仿真的基础是相似现象，相似性一般表现为两类：几何相似性和数学相似性。当两个系统的数学方程相似，只是符号变换或物理含义不同时，这两个系统称为"数学同构"。事实上，相似性是一个含义比较广的概念，既有几何形状的相似、结构的相似、功能的相似，又有机理和联想的相似，尤其是后者，它是创造力的源泉。

2. 仿真方法的分类

仿真方法可以分为三类。

（1）实物仿真。实物仿真是对实际行为和过程进行仿真，早期的仿真大多属于这一类。实物仿真的优点是直观、形象，时至今日，在航天、建筑、船舶和汽车等许多工业系统的试验研究中心仍然可以见到。比如：用沙盘仿真作战，利用风洞对导弹或飞机的模型进行空气动力学试验，用图样和模型模拟建筑群等都是物理仿真。但是，要为系统构造一套物理模型不是一件简单的事，尤其是十分复杂的系统，将耗费很大的投资，周期也很长。此外，在物理模型上做试验很难改变系统参数，改变系统结构也比较困难。至于复杂的社会、经济系统和生态系统就更无法用实物来做试验了。

（2）数学仿真。数学仿真就是用数学的语言、方法近似地刻画实际问题，这种刻画的数学表述就是一个数学模型。从某种意义上说，欧几里得几何、牛顿运动定律和微积分都是对客观世界的数学仿真。数学仿真把研究对象（系统）的主要特征或输入、输出关系抽象成一种数学表达式来进行研究。数学模型可分为：解析模型（用公式、方程反映系统过程）、统计模型（蒙特卡罗方法）、表上作业演练模型。

然而，数学仿真也面临一些问题，如果现实问题无法用数学模型来表达，即刻画实际问题的表达式不存在或找不到，就无法进行数学仿真；如果找到的数学模型过于复杂，会导致仿真失败；如果模型做了过多的近似和简化甚至有误，会导致求出的解不正确。

（3）混合仿真。混合仿真又称为数学-物理仿真，或半实物仿真，就是把物理模型和数学模型以及实物联合在一起进行试验的一种方法，这样往往可以获得比较好的结果。

3. 计算机仿真

计算机仿真也称为计算机模拟，就是根据所研究的系统，构造一个能描述真实系统结构和行为以及参与系统控制的主动者——人的思维过程和行为的模型，并用计算机来运行该仿真模型。该模型能模仿实际系统的运行及其随时间变化的过程，可以进行观察、统计和分析，能得到被模拟系统的运行特征，并可以根据模拟结果来测算实际系统的某些参数和性能。利用计算机仿真，使得数学模型的求解变得更加方便、快捷和精确，同时也大大扩展了解决问题的领域和范围。计算机仿真特别适合于解决那些规模大、难以解析化以及不确定的系统。

计算机仿真有一系列优点。

（1）可以根据所研究系统内部的逻辑关系和数学关系构造面向系统的实际过程和系统行为的仿真模型，进而得到复杂随机系统的解。一般情况下，很难构造准确的数学模型来描述复杂、多随机因素系统。

（2）能模拟运行无法实施或不允许实施的问题，如模拟某地的地震烈度问题、禁止核试验后的试验问题、太空飞行问题、未来战场的进展问题等。

（3）可以从众多方案中进行比较和优化。若用人力计算系统中的一些参数以及其变化和影响，工作量将非常巨大，甚至无法完成。

（4）可模拟有危险和巨大风险的现象和问题，如技术风险、经济风险、投资风险等问题的仿真分析。

（5）可模拟无法重复的现象。对大型项目的建设，如港口、铁路、机场等可以进行多次、各种因素组合的模拟，以减少损失。

（6）可以模拟成本过高的问题。如新产品的研制、装配、运动，新结构的破坏性试验等，用计算机模拟方法代替真实的物理试验，将会减少大量人力、物力。

（7）可以简化建模过程，甚至可避免抽象的数学模型，直接面向问题。有人统计，利用计算机仿真技术，可以节约产品研制费 40% 左右，可以缩短产品研制周期 30%～40%。

1.2.2　仿真的一般过程

计算机仿真过程，概括地说是一个"建模—试验—分析"的过程，即仿真不单纯是对模型的试验，还包括从建模到试验再到分析的全过程，一次完整的计算机仿真有以下几个步骤。

1. 系统问题的描述

每一项研究都应从问题的描述（或说明）开始，通常，问题由决策者提供，或由熟悉问题的分析者提供。首先要把被仿真的系统需要解决的问题表达清楚，明确仿真的目的（仿真要回答的问题）、系统方案、系统环境、仿真的条件、仿真试验参数、仿真的初始条件等。还要说明项目计划包括人数、研究费用以及每一阶段工作所需时间等。

2. 系统分析

系统分析的目的是把实际问题模型化。根据提出的问题，确定系统涉及的范围，问题的目标函数、可控变量和约束条件，找出系统的实体、属性和活动及其相互关系。

3. 建立系统模型

根据系统分析，将实际系统抽象成为数学模型或方块流程图。对连续系统建立数学模型；对离散系统一般用方块流程图来描述，当然也需建立变量之间关系的表达式。系统模型应正确反映实际系统的本质，还应该简繁适度，模型和实际系统没有必要一一对应，只需描述实际系统的本质。因此，最好从简单的模型开始，然后建立更复杂的模型。模型过于简化，无助于对系统的研究；过于复杂，可能会降低模型的效率，甚至使问题难以求解。所以，一般情况下，可以先考虑系统的主要因素并建立较简单的模型，而后再逐步加以补充和完善。

4. 数据收集与统计检验

在系统仿真中，除了必要的仿真输入数据以外，还必须收集与仿真初始条件及系统内部变量有关的数据。这些数据往往是某种概率分布随机变量的抽样结果。因此需要对真实系统或类似系统进行必要的统计调查，对数据进行统计检验，确定其概率分布及其相应的参数。

5. 构造仿真模型

如前所述，要计算机接受系统模型，还必须将系统模型转变成计算机能接受的仿真模型。仿真模型是指能够在计算机上实现并运行的模型，即逻辑流程图或逻辑框图。

构造仿真模型具有其本身的特点，它是面向问题和过程的建模方式。在离散系统建模中，主要根据随机发生的离散事件、系统中的实体流以及时间推进机制，按系统的运行进程建立模型。

6. 仿真程序的编制与验证

建立仿真模型后，就可以按所选用的计算机语言编制相应的仿真程序，即利用数学公式、逻辑公式和算法等来表示实际系统的内部状态和输入/输出的关系。

为了使仿真运行结果能反映仿真模型所具有的性能，必须使仿真程序与仿真模型在内部逻辑关系和数学关系等方面具有高度的一致性。这种一致性通常由仿真程序的语句与仿真模型——逻辑框图的对应性得到保证。但当模型的规模较大或内部逻辑关系比较复杂时，仍需对仿真程序与仿真模型的一致性进行验证，通常采用程序分块调试和程序整体运行的方法来验证仿真程序，也可采用将局部模块的解析计算与仿真结果进行对比的方法来验证仿真程序的正确性。

7. 仿真模型的确认

仿真模型在运行之前，必须判断模型是否代表所仿真的实际系统，这就是仿真模型的确认（Validation of Simulation Models）。所谓"确认"，是指确定模型是否能比较精确地代表实际系统。一个复杂系统的仿真模型只能是实际系统的一种近似，因此不能企求仿真模型的绝对确认。同样，仿真模型的确认只能说明仿真模型符合实际系统的程度。构建模型与仿真模型的确认往往需要反复进行，它不是一次完成的，而是比较模型和实际系统特性的差异，不断对模型进行校正的迭代过程。

实际上，仿真模型确认的过程也是仿真模型建立和修改的过程。因此，仿真模型的确认是一个复杂的过程，并且具有明显的不确定性。目前常用的是三步确认法。

第一步，直观有效性检验。所谓直观有效，是指由熟悉实际系统的人员对模型的建模思想、逻辑结构、输入数据、试运行的输出结果等进行定性和定量的分析，从而初步判断模型是否合理。灵敏度分析常用来检验模型的直观有效性。如输入变量的参数改变时，则输出也应有相应的变化。一个排队系统，如改变顾客的到达率，则可以预料服务台的利用率、平均队长、顾客在系统中的逗留时间等参数的变化趋向，这就是灵敏度试验。对于一个大型仿真模型，可能有许多输入变量，此时应选择重要的、灵敏度高的输入变量来做灵敏度试验。

第二步，检验模型的假设。这一步的目的是定量地检验建模时所做的各项假设。模型假设分两类：结构假设和数据假设。结构假设包括对实际系统的抽象与简化。如在土方挖运系统中，假设是多站单队，先到先服务，则需通过实际观察验证假设是否正确。数据假设包括对所有输入变量概率分布的假设。如在排队系统中对到达过程和服务过程的概率分布假设等。可用理论分布去拟合观察数据，通过统计检验判断输入变量概率分布假设的正确性。

第三步，确定仿真输出结果的代表性。观察初步仿真运行的输出数据与估计的结果或类似系统的数据特性是否近似。

通过以上三步，一般可认为该仿真模型已得到了确认。如发现模型的灵敏度不高，或模型的假设不合理，或输出结果无代表性，则该仿真模型不能得到确认，必须进行相应的修改，并重新进行三步法确认，直至三步都满意为止。

8. 仿真试验设计

仿真试验设计即确定仿真的方案、初始化周期的长度、仿真运行的长度以及每次运行的重复次数等参数。

9. 仿真模型的运行

当仿真程序已经过验证，仿真模型已得到确认，仿真试验方案确定之后，就可以对仿真模型进行正式运行。每次仿真运行是对系统的一次抽样，经多次独立的仿真运行，就可以得到仿真结果的分布规律。这种独立的重复仿真运行，应当在相同的初始条件和相同的输入数据的条件下采用相互独立的随机数流进行仿真。在这种情况下才能采用古典的统计方法，对仿真结果做出正确的估计。

10. 仿真结果分析

对仿真模型进行多次独立运行后，可以得到一系列输出结果。对这些结果，通常需要利用理论定性分析、经验定性分析或系统历史数据定量分析来检验模型的正确性，利用灵敏度分析等手段来检验模型的稳定性，从而估计被仿真系统设计的性能量度。一般情况下，需要在以下两个方面进行分析：一是对一个实际系统的仿真分析，以便得到某个事件发生的概率和随机变量的期望值。由于仿真求解的结果只能得到概率的近似值频率和期望值的近似值平均值，因此，要采用统计推断的方法做出以频率代替概率和以平均值代替期望值的误差估计。二是灵敏度分析，即观察输入参数值的变化对输出结果的影响。如果某个参数的微小变化会引起输出结果的巨大波动，则说明这些参数的灵敏度高，对这些参数应予以足够的重视，对其仿真结果要做出更精确的误差估计。

11. 仿真的总结

整理数据、资料、文件及报表结果等，以便对未来事件进行预测、对生产实践加以指导等。

1.3　MATLAB 软件的功能

MATLAB 是美国 MathWorks 公司出品的商业数学软件，用于算法开发、数据可视化、数据分析以及数值计算的高级技术计算语言和交互式环境，主要包括 MATLAB 和 Simulink 两大部分。

MATLAB 将数值分析、矩阵计算、科学数据可视化以及非线性动态系统的建模和仿真等诸多强大功能集成在一个易于使用的视窗环境中，为科学研究、工程设计以及必须进行有效数值计算的众多科学领域提供了一种全面的解决方案，并在很大程度上摆脱了传统非交互式程序设计语言（如 C、Fortran）的编辑模式，代表了当今国际科学计算软件的先进水平。

MATLAB 的主要功能和特性如下。

1. 强大的科学计算机数据处理能力

MATLAB 是一个包含大量计算算法的集合，其拥有 600 多个工程中要用到的数学运算函数，可以方便地实现用户所需的各种计算功能。MATLAB 的这些函数集包括从最简单最基本的函数到诸如矩阵、特征向量、快速傅里叶变换的复杂函数。函数所能解决的问题大致包括矩阵运算和线性方程组的求解、微分方程及偏微分方程组的求解、符号运算、傅里叶变换和数据的统计分析、工程中的优化问题、稀疏矩阵运算、复数的各种运算、三角函数和其他初等数学运算、多维数组操作以及建模动态仿真等。

2. 出色的图形处理功能

MATLAB 自产生之日起就具有方便的数据可视化功能，可以将向量和矩阵用图形表现出来，并且可以对图形进行标注和打印；可用于高层次的作图包括二维和三维的可视化、图像处理、动画和表达式作图；可用于科学计算和工程绘图。

3. 应用广泛的模块集合工具箱

MATLAB 对许多专门的领域都开发了功能强大的模块集和工具箱。它们都是由特定领域的专家开发的，用户可以直接使用工具箱学习、应用和评估不同的方法而不需要自己编写代码。目前，MATLAB 已经把工具箱延伸到了科学研究和工程应用的诸多领域，诸如数据采集、数据库接口、概率统计、样条拟合、优化算法、偏微分方程求解、神经网络、小波分析、信号处理、图像处理、系统辨识、控制系统设计、LMI 控制、鲁棒控制、模型预测、模糊逻辑、金融分析、地图工具、非线性控制设计、实时快速原型及半物理仿真、嵌入式系统开发、定点仿真、DSP 与通信、电力系统仿真等，都在工具箱家族中有了自己的一席之地。

4. 实用的程序接口和发布平台

新版本的 MATLAB 可以利用 MATLAB 编译器和 C/C++数学库以及图形库，将自己的 MATLAB 程序自动转换为独立于 MATLAB 运行的 C 和 C++的代码。允许用户编写可以和 MATLAB 进行交互的 C 或 C++语言程序。MATLAB 的一个重要特色就是具有一套程序扩展系统和一组称之为工具箱的特殊应用子程序。

5. 应用软件开发

在开发环境中，用户可以更方便地控制多个文件和图形窗口；在编程方面支持函数嵌套，有条件中断等；在图形化方面，有更强大的图形标注和处理功能，包括特性对接连接注释等；在输入输出方面，可以直接向 Excel 和 HDF5 进行连接。

1.4　MATLAB 软件的应用

MATLAB 的应用范围非常广，包括信号和图像处理、通信、控制系统设计、测试和测量、财务建模和分析以及计算生物学等众多应用领域。附加的工具箱可扩展 MATLAB 环境，以解决这些应用领域内特定类型的问题。

可以用 MATLAB 软件来进行以下各种工作。

（1）数值分析。

（2）数值和符号计算。

（3）工程与科学绘图。

（4）控制系统的设计与仿真。

（5）数字图像处理技术。

（6）数字信号处理技术。

（7）通信系统设计与仿真。

（8）财务与金融工程。

（9）管理与调度优化计算（运筹学）。

1.5　MATLAB 软件的安装

我们可以访问 MathWorks 公司的官方网站（https：//cn.mathworks.com）来获取本书使用的软件版本 MATLAB R2016a，也可下载安装 MATLAB 软件的最新版本。现以 MATLAB R2016a 的安装为例介绍 MATLAB 软件的安装方法。

1. 使用 MathWorks 账户激活安装

步骤 1：启动激活应用程序。

要启动激活应用程序，请使用以下方法之一：

（1）在安装结束时，保持选中"安装完毕"对话框中的【激活 MATLAB】复选框。

（2）启动已安装但尚未激活的 MATLAB® 安装。

（3）如果已在运行 MATLAB，请在主页选项卡上的资源部分中，选择帮助→许可→激活软件。

（4）导航到 MATLAB 安装文件夹并打开激活应用程序。

Windows 系统：双击 MATLABroot/ bin/$ARCH 文件夹中的 activate_ MATLAB. exe 文件，其中 MATLABroot 为 MATLAB 安装文件夹，$ARCH 为特定于平台的子文件夹，例如：MATLABroot \ bin \ win64。

Linux 系统：执行 MATLABroot / bin 文件夹中的 activate_ MATLAB. sh 脚本。

Mac OS X 系统：双击 MATLAB 应用程序包中的激活应用程序图标。要查看 MATLAB 应用程序包的内容，右击（或按住 Ctrl 并单击）该包，然后选择显示包内容。

步骤 2：选择是自动激活还是手动激活。

激活是验证是否已获许可使用 MathWorks®产品的过程。此过程会验证许可证，并确保使用该许可证的计算机或用户数量未超过所获得许可证选项允许使用的数量。

如果允许安装程序启动激活应用程序，并且已在安装期间登录到 MathWorks 账户，则登录会话框将持续到激活过程。单击 Next 按钮继续激活（图 1-1）。

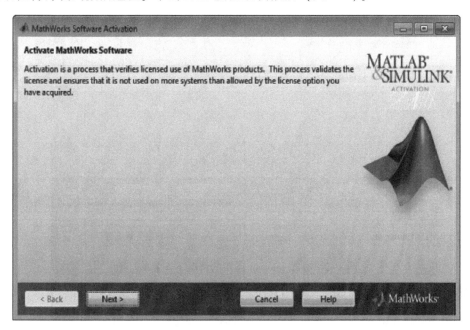

图 1-1　激活过程中单击 Next 按钮

如果在安装期间未登录到 MathWorks 账户，或者已单独启动激活应用程序，则必须选择是自动激活还是手动激活。如果已连接到 Internet，请保持选中使用 Internet 自动激活（推荐）选项。安装之后立即激活是开始使用 MATLAB 的最快方式。

如果未连接到 Internet，请选择在不使用 Internet 的情况下手动激活（图 1-2）。如果选择此选项，则需要许可证文件才能手动激活。许可证文件用于确认可运行的产品。如果尚未获得该文件，请与许可证管理员联系。

步骤 3：登录到 MathWorks 账户。

输入 MathWorks 账户的电子邮件地址和密码，然后单击 Next 按钮。激活应用程序将与 MathWorks 联系，获取与账户相关联的许可证。如果对账户启用了双重验证，系统会按首选方式发送一个验证码。

如果没有 MathWorks 账户，请选择我需要创建账户（需要激活密钥）选项，并单击 Next 按钮。

如果已有许可证文件，请选中输入许可证文件的完整路径（包括文件名）选项，指定该文件的完整路径，然后单击 Next 按钮。许可证文件用于确认可运行的产品。请与许可证管理员联系以获取此许可证文件。在指定许可证文件后，激活应用程序将跳过此过程中的所有

如已连接到Internet，
选中此单选按钮

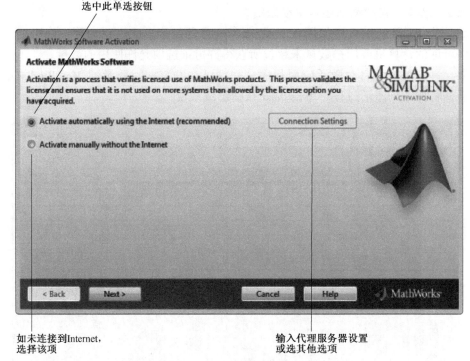

如未连接到Internet，　　　　　　　　　　　输入代理服务器设置
选择该项　　　　　　　　　　　　　　　　　或选其他选项

图 1-2　在无 Internet 连接的情况下安装的选项

后续步骤，直接转至激活完成对话框（图 1-3）。

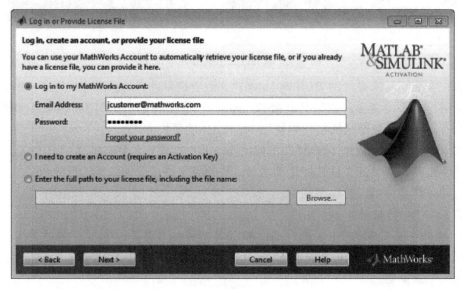

图 1-3　创建账户与激活

步骤 4：输入双重验证码。

如果启用了双重验证（在 MathWorks 账户中），则当登录 MathWorks 账户时，系统将提示输入以首选方式收到的验证码（图 1-4）。如果没有启用双重验证，则可以跳过此步骤并转到步骤 5——选择许可证（Installation，Licensing，and Activation）。

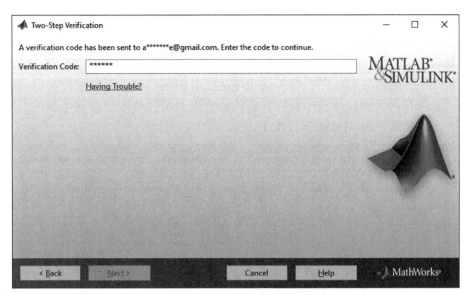

图 1-4　输入以首选方式收到的验证码

步骤 5：选择许可证。

从与 MathWorks 账户关联的许可证列表中选择许可证，然后单击 Next 按钮。该列表包含以下有关许可证的信息。

如果要通过未与 MathWorks 账户关联的许可证激活产品，请选择输入未列出的许可证的激活密钥选项，输入激活密钥，然后单击 Next 按钮。激活密钥是确认许可证的唯一代码。可以使用该密钥激活许可证或将许可证与账户关联。请询问许可证管理员以获得激活密钥。对于"激活密钥"一栏，可以选择输入虚线或空格（图 1-5）。

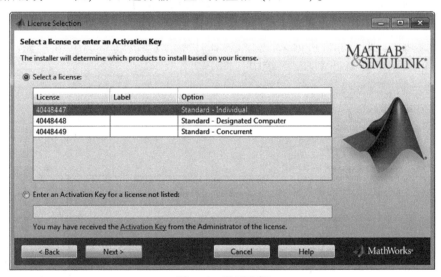

图 1-5　激活密钥

步骤 6：指定用户名。

如果许可证是指定计算机许可证，激活应用程序将跳过此步骤。如果选择了个人许可证，则必须为软件使用者指定操作系统用户名。个人许可证限定特定计算机上的特定用户可使用软件。MathWorks 使用操作系统用户名来识别此用户。操作系统用户名是指用户用来访问计算机的 ID。此 ID 也称为计算机登录名。要使用 MathWorks 软件，必须以指定的用户名登录到计算机。

默认情况下，激活应用程序会填写该程序运行者的用户名。要接受此默认项，请单击 Next 按钮。如果使用了管理员账户安装本软件，但要使用其他账户访问本软件，则可在此指定该用户名，然后单击 Next 按钮（图 1-6）。

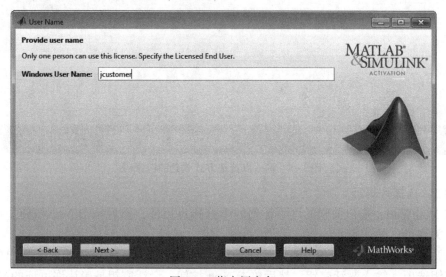

图 1-6　指定用户名

步骤 7：确认激活信息。

如果显示的所有信息均正确，请单击 Confirm 按钮。为了激活安装，MathWorks 会创建一个与计算机和特定用户（如果激活了个人许可证）绑定的许可证文件，并将此许可证文件复制到计算机上。通过此许可证文件，可以在计算机上运行 MathWorks 产品。MathWorks 还会将激活记录保存在 MathWorks 系统中（图 1-7）。

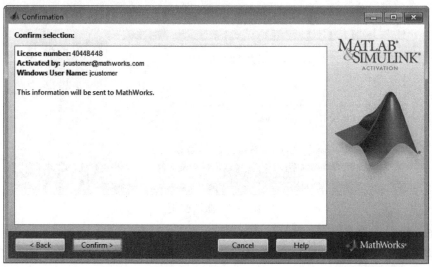

图 1-7　确认激活信息

步骤 8：完成激活。

激活安装后，单击 Finish 按钮退出激活过程（图 1-8）。

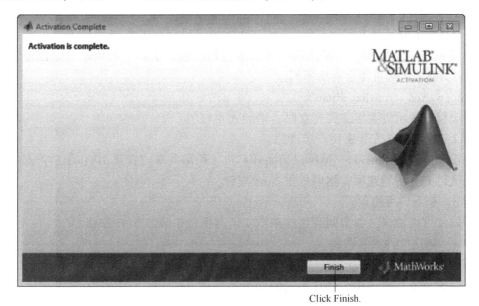

图 1-8　完成

2. 使用文件安装密钥安装

步骤 1：启动安装程序。

（1）将产品文件（包括安装程序文件）复制到计算机或可访问的位置（例如，DVD、USB 驱动器或网络共享位置）。

（2）启动安装程序。安装程序的启动方法取决于所使用的平台，以及是访问先前下载的产品文件还是使用 DVD。

① Windows

·先前下载的产品文件：如果先前下载了产品文件并将产品文件复制到了计算机、网络共享位置或媒体中，请转至产品文件所在的文件夹的上一层并单击 setup. exe。

·DVD 安装：将 DVD 1 插入与系统相连的 DVD 驱动器中。安装程序通常会自动启动。当安装程序提示需要第二张光盘时，请插入 DVD 2。

② Mac OS X

·DVD 安装：将 DVD 1 插入与系统相连的 DVD 驱动器中。当 DVD 图标显示在桌面上时，请双击该图标以显示 DVD 内容，然后双击 InstallForMacOSX 图标开始安装。当安装程序提示需要第二张光盘时，请插入 DVD 2。

·先前下载的产品文件：如果你或管理员下载了产品文件并将解压缩的文件复制到了计算机、网络共享位置或媒体中，请转至产品文件所在的文件夹的上一层，然后双击 Install-ForMacOSX 图标以开始安装。

③ Linux

·先前下载的产品文件：如果先前下载了产品文件并将解压缩的文件复制到了计算机、网络共享位置或媒体中，请转至产品文件所在的文件夹的上一层，然后执行安装程序命令：

./ install

·DVD 安装：将 DVD 1 插入与系统相连的 DVD 驱动器并执行以下命令：

/ path_ to_ dvd/ install &

不要从 DVD 根目录内运行安装，请从 DVD 根目录之外的目录启动安装。根据系统配置，可能需要先装载 DVD。确保使用执行权限进行装载，正如下例所示。请注意，系统上的 DVD 驱动器的名称可能会有所不同。

mount −o exec　/media/cdrom0

当安装程序提示需要第二张光盘时，请插入 DVD 2。

步骤 2：使用文件安装密钥安装产品。

如果没有连接到 Internet，但可以访问计算机、网络共享位置或 DVD 上的产品文件，请选择使用文件安装密钥选项，然后单击 Next 按钮。

步骤 3：查看许可协议。

查看软件许可协议，如果同意这些条款，请选择是并单击 Next 按钮。

步骤 4：指定文件安装密钥。

如果没有连接到 Internet 且选择手动安装，安装程序将显示"文件安装密钥"对话框（图 1-9）。文件安装密钥用于确认可安装的产品。

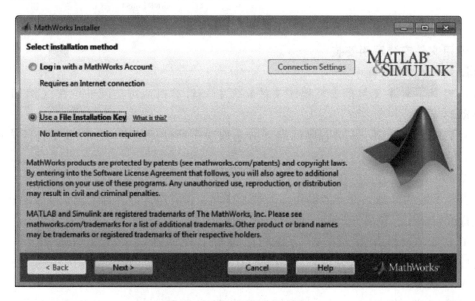

图 1-9　使用文件安装密钥

如果有该密钥，请选择我已有我的许可证的文件安装密钥选项，输入文件安装密钥，然后单击 Next 按钮。许可证管理员可以通过 MathWorks 网站上的许可证中心来获取该文件安装密钥。

如果没有该密钥，请选择我没有文件安装密钥选项，然后单击 Next 按钮。安装程序将提供获取密钥所需的信息（图 1-10）。

步骤 5：指定安装文件夹。

指定要安装 MathWorks 产品的文件夹的名称。接受默认的安装文件夹或单击 Browse 按钮选择其他文件夹。如果所选的文件夹不存在，安装程序将会进行创建。

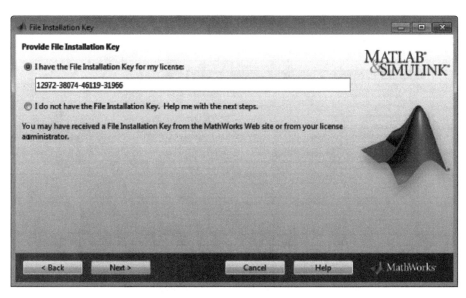

图 1-10　输入文件安装密钥

　　指定文件夹名称时，可以使用任意字母数字字符和某些特殊字符（例如下划线）。如果在输入文件夹名称时出错并希望重新输入，请单击还原默认文件夹。完成选择后，单击 Next 按钮（图 1-11）。

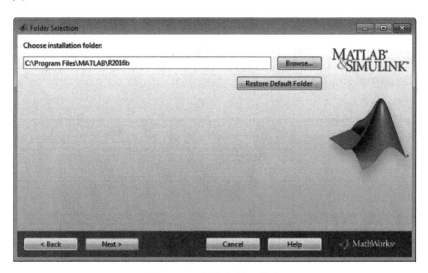

图 1-11　指定安装文件夹

　　步骤 6：指定要安装的产品。

　　在"产品选择"对话框中指定要安装的产品。此对话框列出了与选定许可证或者与指定的激活密钥关联的所有产品。在此对话框中，系统预先选择了所有产品进行安装。如果不想安装特定产品，请清除其名称旁边的复选框。

　　选择要安装的产品后，单击 Next 按钮继续安装（图 1-12）。

　　步骤 7：指定安装选项。

　　可以指定多个安装选项，具体取决于自己的平台。

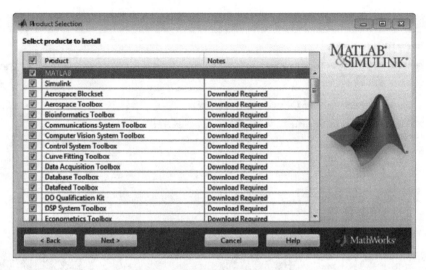

图 1-12　指定要安装的产品

（1）Windows 系统。在 Windows® 上，通过"安装选项"对话框可以选择是否将启动 MATLAB 的快捷方式置于开始菜单和桌面上（图 1-13）。

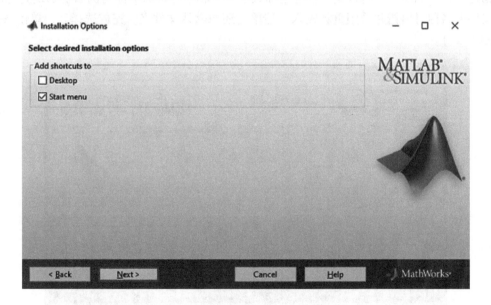

图 1-13　将快捷方式置于开始菜单

选择安装选项后，单击 Next 按钮继续安装。

（2）Linux 系统。在 Linux 系统上，可以指定是否要创建指向 MATLAB 和 mex 脚本的符号链接。指定拥有写入权限且是所有用户路径共有的文件夹，例如／usr／local／bin。

选择安装选项后，单击 Next 按钮继续安装（图 1-14）。

步骤 8：确认选项。

在开始将软件安装到硬盘之前，安装程序会摘要列出所选择的安装项。要更改设置，请单击 Back 按钮。要继续安装，请单击 Install 按钮（图 1-15）。

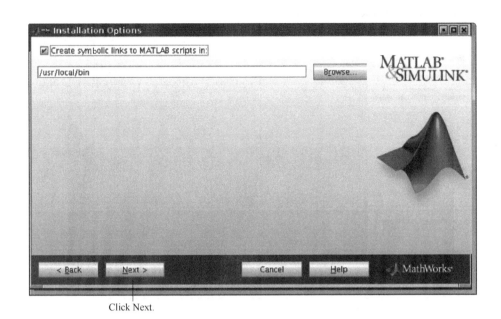

图 1-14　创建符号链接

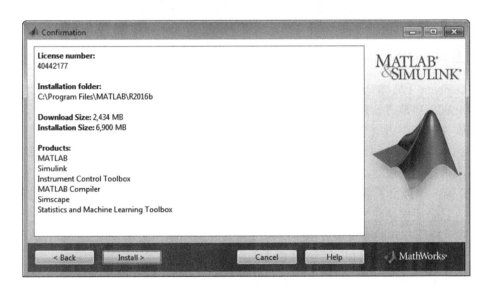

图 1-15　确认安装选项

步骤 9：完成安装。

成功完成安装后，安装程序将会显示"安装完成"对话框。在此对话框中，可以选择激活刚安装的软件。在激活所安装的软件之前，无法使用该软件。安装之后立即运行激活是开始使用 MATLAB 的最快方式。单击 Next 按钮继续激活。

如果选择退出安装程序而不执行激活，请清除激活 MATLAB 选项并单击 Finish 按钮（此按钮标签会发生变化）。可在以后使用激活应用程序进行激活（图 1-16）。

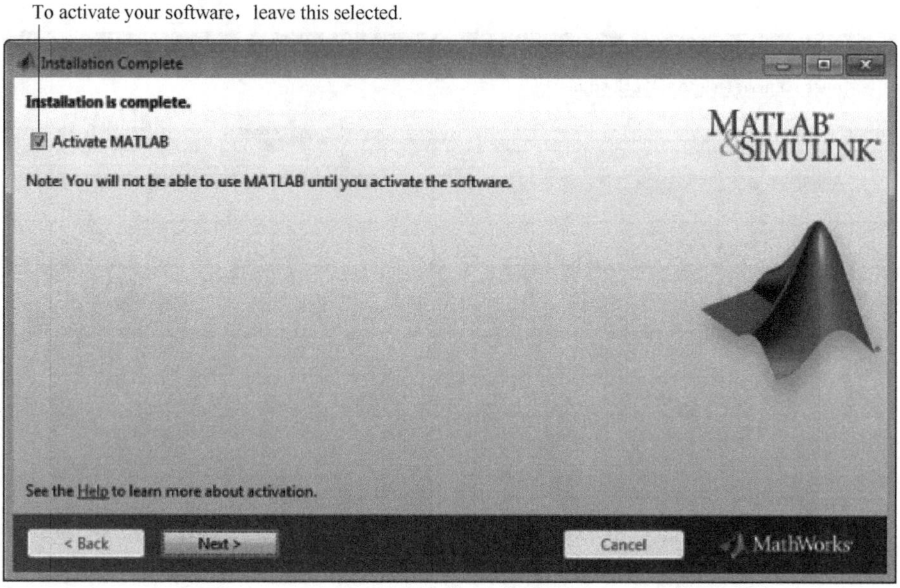

To activate your software，leave this selected.

图 1-16　执行激活

1.6　计算机仿真技术常用软件介绍

1.6.1　Pro/E

Pro/Engineer（简称 Pro/E）操作软件是美国参数技术公司（PTC）旗下的 CAD/CAM/CAE 一体化的三维软件。Pro/E 软件以参数化著称，是参数化技术的最早应用者，在目前的三维造型软件领域中占有着重要地位。Pro/E 作为当今世界机械 CAD/CAM/CAE 领域的新标准而得到业界的认可和推广，是现今主流的 CAD/CAM/CAE 软件之一，特别是在国内产品设计领域占据重要位置。

Pro/E 第一个提出了参数化设计的概念，并且采用了单一数据库来解决特征的相关性问题。另外，它采用模块化方式，用户可以根据自身的需要进行选择，而不必安装所有模块。Pro/E 的基于特征方式能够将设计至生产全过程集成到一起，实现并行工程设计。它不但可以应用于工作站，而且也可以应用到单机上。

Pro/E 采用了模块方式，可以分别进行草图绘制、零件制作、装配设计、钣金设计、加工处理等，保证用户可以按照自己的需要进行选择使用。

1. 参数化设计

相对于产品而言，我们可以把它看成几何模型，无论多么复杂的几何模型都可以分解成有限数量的构成特征，每一种构成特征都可以用有限的参数完全约束，这就是参数化的基本概念。但是无法在零件模块下隐藏实体特征。

2. 基于特征建模

Pro/E 是基于特征的实体模型化系统，工程设计人员采用具有智能特性的基于特征的功能去生成模型，如腔、壳、倒角及圆角，可以随意勾画草图，轻易改变模型。这一功能特性给工程设计者提供了在设计上从未有过的简易和灵活。

3. 单一数据库（全相关）

Pro/E 是建立在统一基层的数据库上，不像一些传统的 CAD/CAM 系统建立在多个数据库上。所谓单一数据库，就是工程中的资料全部来自一个库，使得每一个独立用户在为一件产品造型而工作，不管他是哪一个部门的。换言之，在整个设计过程的任何一处发生改动，也可以前后反映在整个设计过程的相关环节上。例如，一旦工程详图有改变，NC（数控）工具路径也会自动更新；组装工程图如有任何变动，也完全同样反应在整个三维模型上。这种独特的数据结构与工程设计的完整结合，使得一件产品的设计结合起来。这一优点使得设计更优化成品质量更高，产品能更好地推向市场（图 1-17）。

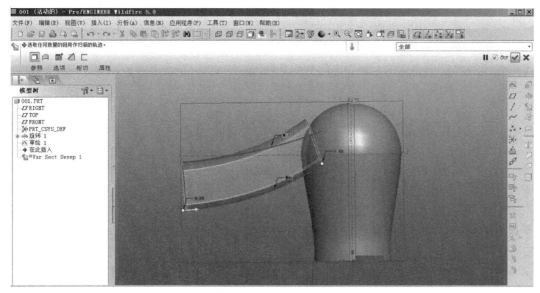

图 1-17　Pro/E 界面

1.6.2　SolidWorks

SolidWorks 软件是世界上第一个基于 Windows 开发的三维 CAD 系统（图 1-18），由于技术创新符合 CAD 技术的发展潮流和趋势，SolidWorks 公司于两年间成为 CAD/CAM 产业中获利最高的公司。良好的财务状况和用户支持使得 SolidWorks 每年都有数十乃至数百项的技术创新，公司也获得了很多荣誉。该系统在 1995~1999 年获得全球微机平台 CAD 系统评比第一名；从 1995 年至今，已经累计获得 17 项国际大奖，其中仅从 1999 年起，美国权威的 CAD 专业杂志 CADENCE 连续 4 年授予 SolidWorks 最佳编辑奖，以表彰 SolidWorks 的创新、活力和简明。至此，SolidWorks 所遵循的易用、稳定和创新三大原则得到了全面的落实和证明，使用它，设计师大大缩短了设计时间，产品快速、高效地投向了市场。

由于 SolidWorks 出色的技术和市场表现，不仅成为 CAD 行业的一颗耀眼的明星，也成为华尔街青睐的对象。终于在 1997 年由法国达索公司以 3.1 亿美元的高额市值将 SolidWorks 全资并购。公司原来的风险投资商和股东以 1 300 万美元的风险投资获得了高额的回报，创造了 CAD 行业的世界纪录。并购后的 SolidWorks 以原来的品牌和管理技术队伍继续独立运作，成为 CAD 行业一家高素质的专业化公司，SolidWorks 三维机械设计软件也成为达索企

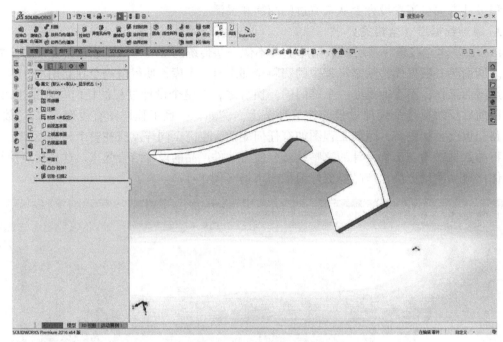

图 1-18　SolidWorks 界面

业中最具竞争力的 CAD 产品。

由于使用了 Windows OLE 技术、直观式设计技术、先进的 parasolid 内核（由剑桥提供）以及良好的与第三方软件的集成技术，SolidWorks 成为全球装机量最大、最好用的软件。资料显示，目前全球发放的 SolidWorks 软件使用许可约 28 万，涉及航空航天、机车、食品、机械、国防、交通、模具、电子通信、医疗器械、娱乐工业、日用品/消费品、离散制造等分布于全球 100 多个国家的约 3.1 万家企业。在教育市场上，每年来自全球 4 300 所教育机构的近 14.5 万名学生通过 SolidWorks 的培训课程。

据世界上著名的人才网站检索，与其他 3D CAD 系统相比，与 SolidWorks 相关的招聘广告比其他软件的总和还要多，这比较客观地说明了越来越多的工程师使用 SolidWorks，越来越多的企业雇佣 SolidWorks 人才。据统计，全世界用户每年使用 SolidWorks 的时间已达5 500 万小时。

1. 软件特点

SolidWorks 软件功能强大，组件繁多。SolidWorks 有功能强大、易学易用和技术创新三大特点，这使得 SolidWorks 成为领先的、主流的三维 CAD 解决方案。SolidWorks 能够提供不同的设计方案、减少设计过程中的错误以及提高产品质量。SolidWorks 不仅提供如此强大的功能，而且对每个工程师和设计者来说，操作简单方便、易学易用。

对于熟悉微软的 Windows 系统的用户，基本上就可以用 SolidWorks 来进行设计了。Solid-Works 独有的拖拽功能使用户在比较短的时间内完成大型装配设计。SolidWorks 资源管理器是同 Windows 资源管理器一样的 CAD 文件管理器，用它可以方便地管理 CAD 文件。使用 Solid-Works，用户能在比较短的时间内完成更多的工作，能够更快地将高质量的产品投放市场。

在目前市场上所见到的三维 CAD 解决方案中，SolidWorks 是设计过程比较简便而方便的软件之一。美国著名咨询公司 Daratech 所评论："在基于 Windows 平台的三维 CAD 软件中，SolidWorks 是最著名的品牌，是市场快速增长的领导者。"

在强大的设计功能和易学易用的操作（包括 Windows 风格的拖放、单击、剪切/粘贴）协同下，使用 SolidWorks，整个产品设计是百分之百可编辑的，零件设计、装配设计和工程图之间是全相关的。

2. 用户界面

SolidWorks 提供了一整套完整的动态界面和鼠标拖动控制。"全动感的"的用户界面减少了设计步骤，减少了多余的对话框，从而避免了界面的零乱。

崭新的属性管理员用来高效地管理整个设计过程和步骤。属性管理员包含所有的设计数据和参数，而且操作方便、界面直观。

SolidWorks 资源管理器可以方便地管理 CAD 文件。SolidWorks 资源管理器是唯一一个同 Windows 资源管理器类似的 CAD 文件管理器。

特征模板为标准件和标准特征提供了良好的环境。用户可以直接从特征模板上调用标准的零件和特征，并与同事共享。

SolidWorks 提供的 AutoCAD 模拟器使得 AutoCAD 用户可以保持原有的作图习惯，顺利地从二维设计转向三维实体设计。

3. 配置管理

配置管理是 SolidWorks 软件体系结构中非常独特的一部分，它涉及零件设计、装配设计和工程图。配置管理能够在一个 CAD 文档中通过对不同参数的变换和组合，派生出不同的零件或装配体。

4. 协同工作

SolidWorks 提供了技术先进的工具，用户可以通过互联网进行协同工作。

通过 eDrawings 方便地共享 CAD 文件。eDrawings 是一种极度压缩的、可通过电子邮件发送的、自行解压和浏览的特殊文件。

通过三维托管网站展示生动的实体模型。三维托管网站是 SolidWorks 提供的一种服务，可以在任何时间、任何地点快速地查看产品结构。

SolidWorks 支持 Web 目录，可以将设计数据存放在互联网的文件夹中，就像存在本地硬盘一样方便。

用 3D Meeting 通过互联网实时地协同工作。3D Meeting 是基于微软 NetMeeting 的技术开发的，专门为 SolidWorks 设计人员提供的协同工作环境。

5. 装配设计

在 SolidWorks 中，当生成新零件时，可以直接参考其他零件并保持这种参考关系。在装配的环境里，可以方便地设计和修改零部件。对于超过 10 000 个零部件的大型装配体，SolidWorks 的性能得到极大的提高。

SolidWorks 可以动态地查看装配体的所有运动，并且可以对运动的零部件进行动态的干涉检查和间隙检测。

用智能零件技术自动完成重复设计。智能零件技术是一种崭新的技术，用来完成诸如将一个标准的螺栓装入螺孔中，而同时按照正确的顺序完成垫片和螺母的装配。

镜像部件是 SolidWorks 技术的巨大突破。镜像部件能产生基于已有零部件（包括具有派生关系或与其他零件具有关联关系的零件）的新的零部件。

SolidWorks 用捕捉配合的智能化装配技术来加快装配体的总体装配。智能化装配技术能够自动地捕捉并定义装配关系。

6. 工程图

SolidWorks 提供了生成完整的、车间认可的详细工程图的工具。工程图是全相关的，当你修改图纸时，三维模型、各个视图、装配体都会自动更新。

从三维模型中自动产生工程图，包括视图、尺寸和标注。

增强了的详图操作和剖视图，包括生成剖中剖视图、部件的图层支持、熟悉的二维草图功能以及详图中的属性管理员。

使用 RapidDraft 技术可以将工程图与三维零件和装配体脱离，进行单独操作，以加快工程图的操作，但保持与三维零件和装配体的全相关。

用交替位置显示视图能够方便地显示零部件的不同位置，以便了解运动的顺序。交替位置显示视图是专门为具有运动关系的装配体而设计的独特的工程图功能。

1.6.3 MATLAB

MATLAB 是美国 MathWorks 公司出品的商业数学软件，用于算法开发、数据可视化、数据分析以及数值计算的高级技术计算语言和交互式环境，主要包括 MATLAB 和 Simulink 两大部分。

MATLAB 是 matrix、laboratory 两个词的组合，意为矩阵工厂（矩阵实验室），是由美国 MathWorks 公司发布的主要面对科学计算、可视化以及交互式程序设计的高科技计算环境。它将数值分析、矩阵计算、科学数据可视化以及非线性动态系统的建模和仿真等诸多强大功能集成在一个易于使用的视窗环境中，为科学研究、工程设计以及必须进行有效数值计算的众多科学领域提供了一种全面的解决方案，并在很大程度上摆脱了传统非交互式程序设计语言（如 C、FORTRAN）的编辑模式，代表了当今国际科学计算软件的先进水平。

MATLAB 和 Mathematica、Maple 并称为三大数学软件。它在数学类科技应用软件中的数值计算方面首屈一指。MATLAB 可以进行矩阵运算、绘制函数和数据、实现算法、创建用户界面、连接其他编程语言的程序等，主要应用于工程计算、控制设计、信号处理与通信、图像处理、信号检测、金融建模设计与分析等领域。

MATLAB 的基本数据单位是矩阵，它的指令表达式与数学、工程中常用的形式十分相似，故用 MATLAB 来解算问题要比用 C、FORTRAN 等语言完成相同的事情简捷得多，并且 MATLAB 也吸收了像 Maple 等软件的优点，使 MATLAB 成为一个强大的数学软件（图 1-19）。在新的版本中也加入了对 C、FORTRAN、C++、Java 的支持。

1. 优势特点

（1）高效的数值计算及符号计算功能，能使用户从繁杂的数学运算分析中解脱出来。

（2）具有完备的图形处理功能，实现计算结果和编程的可视化。

（3）友好的用户界面及接近数学表达式的自然化语言，使学习者易于学习和掌握。

（4）功能丰富的应用工具箱（如信号处理工具箱、通信工具箱等），为用户提供了大量方便实用的处理工具。

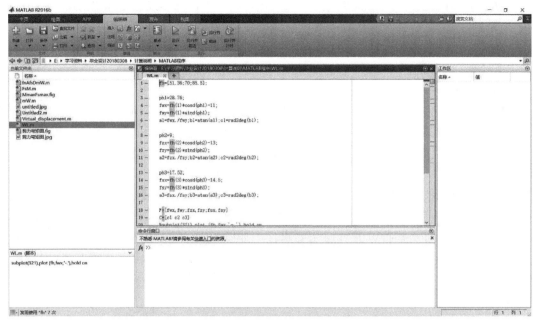

图 1-19　MATLAB 界面

2. 编程环境

MATLAB 由一系列工具组成，这些工具方便用户使用 MATLAB 的函数和文件，其中许多工具采用的是图形用户界面。包括 MATLAB 桌面和命令窗口、历史命令窗口、编辑器和调试器、路径搜索和用于用户浏览帮助、工作空间、文件的浏览器。随着 MATLAB 的商业化以及软件本身的不断升级，MATLAB 的用户界面也越来越精致，更加接近 Windows 的标准界面，人机交互性更强，操作更简单。而且新版本的 MATLAB 提供了完整的联机查询、帮助系统，极大地方便了用户的使用。简单的编程环境提供了比较完备的调试系统，程序不必经过编译就可以直接运行，而且能够及时地报告出现的错误及进行出错原因分析。

3. 简单易用

MATLAB 是一个高级的矩阵/阵列语言，它包含控制语句、函数、数据结构、输入和输出以及面向对象编程等特点。用户可以在命令窗口中将输入语句与执行命令同步，也可以先编写好一个较大的复杂的应用程序（M 文件）后再一起运行。新版本的 MATLAB 语言是基于最为流行的 C++语言基础上的，因此语法特征与 C++语言极为相似，而且更加简单，更加符合科技人员对数学表达式的书写格式。使之更利于非计算机专业的科技人员使用。而且这种语言可移植性好、可拓展性极强，这也是 MATLAB 能够深入科学研究及工程计算各个领域的重要原因。

4. 强大处理

MATLAB 是一个包含大量计算算法的集合，其拥有 600 多个工程中要用到的数学运算函数，可以方便地实现用户所需的各种计算功能。函数中所使用的算法都是科研和工程计算中的最新研究成果，而且经过了各种优化和容错处理。在通常情况下，可以用它来代替底层编程语言，如 C 和 C++。在计算要求相同的情况下，使用 MATLAB 的编程工作量会大大减少。MATLAB 的这些函数集包括从最简单、最基本的函数到诸如矩阵、特征向量、快速傅里叶变换的复杂函数。函数所能解决的问题大致包括矩阵运算和线性方程组求解、微分方程及偏微分方程组的求解、符号运算、傅里叶变换和数据的统计分析、工程中的优化问题、稀疏矩阵运算、复数的各种运算、三角函数和其他初等数学运算、多维数组操作以及建模动态仿真等。

5. 图形处理

MATLAB 自产生之日起就具有方便的数据可视化功能，可以将向量和矩阵用图形表现出来，并且可以对图形进行标注和打印。高层次的作图包括二维和三维的可视化、图像处理、动画和表达式作图。MATLAB 可用于科学计算和工程绘图。新版本的 MATLAB 对整个图形处理功能作了很大的改进和完善，使它不仅在一般数据可视化软件都具有的功能（例如二维曲线和三维曲面的绘制和处理等）方面更加完善，而且对于一些其他软件所没有的功能（例如图形的光照处理、色度处理以及四维数据的表现等），MATLAB 同样表现了出色的处理能力。同时对一些特殊的可视化要求，例如图形对话等，MATLAB 也有相应的功能函数，保证了用户不同层次的要求。另外，新版本的 MATLAB 还着重在图形用户界面（GUI）的制作上作了很大的改善，对这方面有特殊要求的用户也可以得到满足。

6. 模块工具

MATLAB 对许多专门的领域都开发了功能强大的模块集和工具箱。一般来说，它们都是由特定领域的专家开发的，用户可以直接使用工具箱学习、应用和评估不同的方法而不需要自己编写代码。领域，诸如数据采集、数据库接口、概率统计、样条拟合、优化算法、偏微分方程求解、神经网络、小波分析、信号处理、图像处理、系统辨识、控制系统设计、LMI 控制、鲁棒控制、模型预测、模糊逻辑、金融分析、地图工具、非线性控制设计、实时快速原型及半物理仿真、嵌入式系统开发、定点仿真、DSP 与通信、电力系统仿真等，都在工具箱（Toolbox）家族中有了自己的一席之地。

7. 程序接口

新版本的 MATLAB 可以利用 MATLAB 编译器、C/C++数学库和图形库，将自己的 MATLAB 程序自动转换为独立于 MATLAB 运行的 C 和 C++代码。允许用户编写可以和 MATLAB 进行交互的 C 或 C++语言程序。另外，MATLAB 网页服务程序还容许在 Web 应用中使用自己的 MATLAB 数学和图形程序。MATLAB 的一个重要特色就是具有一套程序扩展系统和一组称之为工具箱的特殊应用子程序。工具箱是 MATLAB 函数的子程序库，每一个工具箱都是为某一类学科专业和应用而定制的，主要包括信号处理、控制系统、神经网络、模糊逻辑、小波分析和系统仿真等方面的应用。

1.6.4　ANSYS

ANSYS 软件是美国 ANSYS 公司研制的大型通用有限元分析（FEA）软件，是世界范围内增长最快的计算机辅助工程（CAE）软件，能与多数计算机辅助设计（Computer Aided Design，CAD）软件接口，实现数据的共享和交换，如 Creo、NASTRAN、Algor、i-DEAS、AutoCAD 等。ANSYS 是融结构、流体、电场、磁场、声场分析于一体的大型通用有限元分析软件，在核工业、铁道、石油化工、航空航天、机械制造、能源、汽车交通、国防军工、电子、土木工程、造船、生物医学、轻工、地矿、水利、日用家电等领域有着广泛的应用。ANSYS 功能强大，操作简单方便，现在已成为国际最流行的有限元分析软件，在历年的

FEA 评比中都名列第一。目前，中国 100 多所理工院校采用 ANSYS 软件进行有限元分析或者作为标准教学软件。

　　ANSYS 日前宣布推出业界领先的工程设计仿真软件最新版 ANSYS 19.0，其独特的新功能为指导和优化产品设计带来了最优的方法和提供了更加综合全面的解决方案。工程仿真软件 ANSYS 19.0 在结构、流体、电磁、多物理场耦合仿真、嵌入式仿真技术各方面都有重要的提升（图 1-20）。

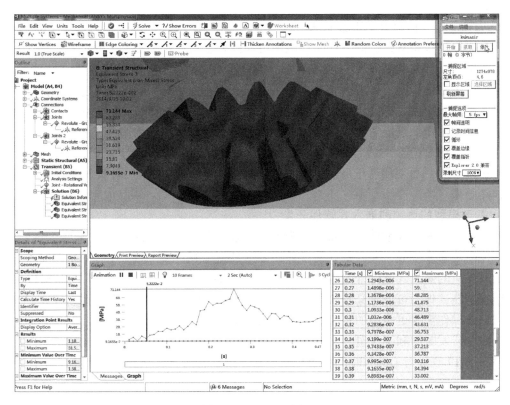

图 1-20　ANSYS 界面

1. 能实现电子设备的互联

　　电子设备连接功能的普及化、物联网发展趋势的全面化，需要对硬件和软件的可靠性提出更高的标准。最新发布的 ANSYS 19.0，提供了众多验证电子设备可靠性和性能的功能，贯穿了产品设计的整个流程，并覆盖电子行业全部供应链。在 ANSYS 19.0 中，全新推出了"ANSYS 电子设计桌面"（ANSYS Electronics Desktop）。在单个窗口高度集成化的界面中，电磁场、电路和系统分析构成了无缝的工作环境，从而确保在所有应用领域中实现仿真的、最高的生产率和最佳实践。ANSYS 19.0 中另一个重要的新功能是可以建立三维组件（3D Component）并将它们集成到更大的装配体中。使用该功能，可以很容易地构建一个无线通信系统，这对日益复杂的系统设计尤其有效。建立可以直接仿真的三维组件，并将它们存储在库文件中，这样就能够很简便地在更大的系统设计中添加这些组件，而无须再进行任何激励、边界条件和材料属性的设置，因为所有的内部细节已经包含在三维组件的原始设计之内。

2. 仿真各种类型的结构材料

减轻重量并同时提升结构性能和设计美感，这是每位结构工程师都会面临的挑战。薄型材料和新型材料是结构设计中经常选用的，它们也会为仿真引入一些难题。金属薄板可在提供所需性能的同时最大限度地减少材料和重量，是几乎每个行业都会采用的"传统"材料，采用 ANSYS 19.0，工程师能够加快薄型材料的建模速度，迅速定义一个完整装配体中各部件的连接方式。ANSYS 19.0 中提供了高效率的复合材料设计功能以及实用的工具，便于更好地理解仿真结果。

3. 简化复杂流体动力学工程问题

产品变得越来越复杂，同时产品性能和可靠性要求也在不断提高，这些都促使工程师研究更为复杂的设计和物理现象。ANSYS 19.0 不仅可以简化复杂几何结构的前处理工作流，同时还能提速多达 40%。工程师面临多目标优化设计时，ANSYS 19.0 通过利用伴随优化技术和可实现高效率多目标设计优化，实现智能设计优化。新版 ANSYS 19.0 除了能简化复杂的设计和优化工作，还能简化复杂的物理现象的仿真。对于船舶与海洋工程应用，工程师利用新版本可以仿真复杂的海洋波浪模式。旋转机械设计工程师（压缩机、水力旋转机械、蒸汽轮机、泵等）可使用傅里叶变换方法，高效率地获得固定和旋转旋转机械组件之间的相互作用结果。

4. 基于模型的系统和嵌入式软件开发

基于系统和嵌入式软件的创新在每个工业领域都有非常显著的增长。各大公司在该发展趋势下面临着众多挑战，尤其是如何设计研发这些复杂的系统。ANSYS 19.0 面向系统研发人员及其相应的嵌入式软件开发者提供了多项新功能。针对系统工程师，ANSYS 19.0 具备扩展建模功能，他们可以定义系统与其子系统之间复杂的操作模式。随着系统变得越来越复杂，它们的操作需要更全面的定义。系统和软件工程师可以在他们的合作项目中进行更好的合作，减少研发时间和工作量。ANSYS 19.0 增加了行为图建模方式应对此需求。在航空领域，ANSYS 19.0 针对 DO-330 的要求提供了基于模型的仿真方法，这些工具经过 DO-178C 验证，有最高安全要求等级。这是首个面向全新认证要求的工具。

5. 分析类型

（1）结构静力分析。结构静力分析用来求解外载荷引起的位移、应力和力。静力分析很适合求解惯性和阻尼对结构的影响并不显著的问题。ANSYS 程序中的静力分析不仅可以进行线性分析，而且可以进行非线性分析，如塑性、蠕变、膨胀、大变形、大应变及接触分析。

（2）结构动力学分析。结构动力学分析用来求解随时间变化的载荷对结构或部件的影响。与静力分析不同，动力分析要考虑随时间变化的力载荷以及它对阻尼和惯性的影响。ANSYS 可进行的结构动力学分析类型包括瞬态动力学分析、模态分析、谐波响应分析及随机振动响应分析。

（3）结构非线性分析。结构非线性导致结构或部件的响应随外载荷不成比例变化。ANSYS 程序可求解静态和瞬态非线性问题，包括材料非线性、几何非线性和单元非线性三种。

（4）动力学分析。ANSYS 程序可以分析大型三维柔体运动。当运动的积累影响起主要作用时，可使用这些功能分析复杂结构在空间中的运动特性，并确定结构中由此产生的应力、应变和变形。

（5）热分析。ANSYS 程序可处理热传递的三种基本类型：传导、对流和辐射。热传递的三种类型均可进行稳态和瞬态、线性和非线性分析。热分析还具有可以模拟材料固化和熔解过程的相变分析能力以及模拟热与结构应力之间的热-结构耦合分析能力。

（6）电磁场分析。电磁场分析主要用于电磁场问题的分析，如电感、电容、磁通量密度、涡流、电场分布、磁力线分布、力、运动效应、电路和能量损失等。还可用于螺线管、调节器、发电机、变换器、磁体、加速器、电解槽及无损检测装置等的设计和分析领域。

（7）流体动力学分析。ANSYS 流体单元能进行流体动力学分析，分析类型可以为瞬态或稳态。分析结果可以是每个节点的压力和通过每个单元的流率，并且可以利用后处理功能产生压力、流率和温度分布的图形显示。另外，还可以使用三维表面效应单元和热-流管单元模拟结构的流体绕流并包括对流换热效应。

（8）声场分析。程序的声学功能用来研究在含有流体的介质中声波的传播，或分析浸在流体中的固体结构的动态特性。这些功能可用来确定音响话筒的频率响应，研究音乐大厅的声场强度分布，或预测水对振动船体的阻尼效应。

（9）压电分析。压电分析用于分析二维或三维结构对 AC（交流）、DC（直流）或任意随时间变化的电流或机械载荷的响应。这种分析类型可用于换热器、振荡器、谐振器、麦克风等部件及其他电子设备的结构动态性能分析。可进行四种类型的分析：静态分析、模态分析、谐波响应分析、瞬态响应分析。

1.6.5　AutoCAD

AutoCAD（Autodesk Computer Aided Design）是 Autodesk（欧特克）公司于 1982 年开发的自动计算机辅助设计软件，用于二维绘图、详细绘制、设计文档和基本三维设计，现已经成为国际上广为流行的绘图工具。AutoCAD 具有良好的用户界面（图 1-21），通过交互菜单

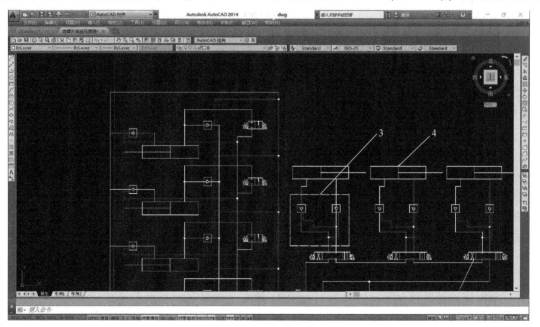

图 1-21　AutoCAD 界面

或命令行方式便可以进行各种操作。它的多文档设计环境，让非计算机专业人员也能很快地学会使用。在不断实践的过程中更好地掌握它的各种应用和开发技巧，从而不断地提高工作效率。AutoCAD 具有广泛的适应性，它可以在各种操作系统支持的微型计算机和工作站上运行。

AutoCAD 软件是由美国欧特克有限公司（Autodesk）出品的一款自动计算机辅助设计软件，可以用于绘制二维制图和基本三维设计，通过它无须懂得编程，即可自动制图，因此它在全球被广泛使用，可以用于土木建筑、装饰装潢、工业制图、工程制图、电子工业、服装加工等多领域。

1. 基本特点

（1）具有完善的图形绘制功能。

（2）有强大的图形编辑功能。

（3）可以采用多种方式进行二次开发或用户定制。

（4）可以进行多种图形格式的转换，具有较强的数据交换能力。

（5）支持多种硬件设备。

（6）支持多种操作平台。

（7）具有通用性、易用性，适用于各类用户。

此外，从 AutoCAD 2000 开始，该系统又增添了许多强大的功能，如 AutoCAD 设计中心（ADC）、多文档设计环境（MDE）、Internet 驱动、新的对象捕捉功能、增强的标注功能以及局部打开和局部加载的功能。

2. 基于平台

Windows 系列的标准版、企业版、专业版；Windows 7 系列的企业版、旗舰版、专业版，以及家庭高级版，以及 Windows XP 专业版（SP3 或更高版本）。

3. 软件优势

（1）平滑移植。移植现在更易于管理，新的移植界面将 AutoCAD 自定义设置组织可以从中生成移植摘要报告的组和类别。

（2）PDF 支持。可以将几何图形、填充、光栅图像和 TrueType 文字从 PDF 文件输入到当前图形中。PDF 数据可以来自当前图形中附着的 PDF，也可以来自指定的任何 PDF 文件。数据精度受限于 PDF 文件的精度和支持的对象类型的精度。某些特性（例如 PDF 比例、图层、线宽和颜色）可以保留。

主命令：PDFIMPORT

（3）共享设计视图。可以将设计视图发布到 Autodesk A360 内的安全、匿名位置。可以通过向指定的人员转发生成的链接来共享设计视图，而无须发布 DWG 文件本身。支持的任何 Web 浏览器提供对这些视图的访问，并且不会要求收件人具有 Autodesk A360 账户或安装任何其他软件。支持的浏览器包括 Chrome、firefox 和支持 WebGL 三维图形的其他浏览器。

主命令：ONLINEDESIGNSHARE

（4）关联的中心标记和中心线。可以创建与圆弧和圆关联的中心标记，以及与选定的直线和多段线线段关联的中心线。出于兼容性考虑，此新功能并不会替换当前的方法，只是作为替代方法提供。

主命令：CENTERMARK、CENTERLINE

（5）协调模型：对象捕捉支持。可以使用标准二维端点和中心对象捕捉在附着的协调模型上指定的精确位置，此功能仅适用于 64 位 AutoCAD。

主系统变量：CMOSNAP

4. 应用领域

（1）工程制图：建筑工程、装饰设计、环境艺术设计、水电工程、土木施工等。

（2）工业制图：精密零件、模具、设备等。

（3）服装加工：服装制版。

（4）电子工业：印刷电路板设计。

（5）广泛应用于土木建筑、装饰装潢、城市规划、园林设计、电子电路、机械设计、服装鞋帽、航空航天、轻工化工等诸多领域。

在不同的行业中，Autodesk 开发了行业专用的版本和插件，在机械设计与制造行业中发行了 AutoCAD Mechanical 版本；在电子电路设计行业中发行了 AutoCAD Electrical 版本；在勘测、土方工程与道路设计中发行了 Autodesk Civil 3D 版本；而学校里教学、培训中所用的一般都是 AutoCAD 简体中文（Simplified Chinese）版本；一般没有特殊要求的服装、机械、电子、建筑行业的公司都是用的 AutoCAD Simplified 版本。所以 AutoCAD Simplified 基本上算是通用版本。而对于机械，当然也有相应的 AutoCAD Mechanical（机械版）。

1.6.6　CATIA

CATIA 是法国达索公司的产品开发旗舰解决方案（图 1-22）。作为 PLM 协同解决方案的一个重要组成部分，它可以通过建模帮助制造厂商设计他们未来的产品，并支持从项目前阶段、具体的设计、分析、模拟、组装到维护在内的全部工业设计流程。

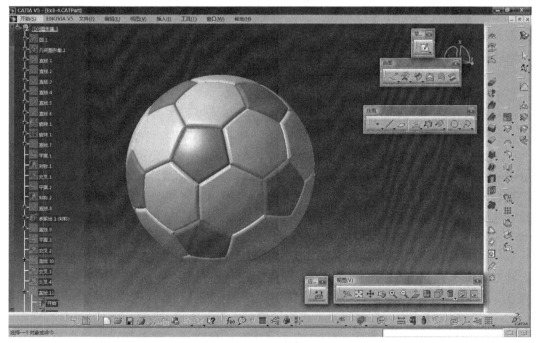

图 1-22　CATIA 界面

1. 软件特点

（1）CATIA 先进的混合建模技术。

设计对象的混合建模：在 CATIA 的设计环境中，无论是实体还是曲面，做到了真正的交互操作。

变量和参数化混合建模：在设计时，设计者不必考虑如何参数化设计目标，CATIA 提供了变量驱动及后参数化能力。

几何和智能工程混合建模：对于一个企业，可以将企业多年的经验积累到 CATIA 的知识库中，用于指导本企业新手或指导新车型的开发，加速新型号推向市场的时间。CATIA 具有在整个产品周期内的方便的修改能力，尤其是后期修改性。

无论是实体建模还是曲面造型，由于 CATIA 提供了智能化的树结构，用户可以方便快捷地对产品进行重复修改，即使是在设计的最后阶段需要做重大的修改或者是对原有方案的更新换代，对于 CATIA 来说都是非常容易的事。

（2）CATIA 所有模块具有全相关性。CATIA 的各个模块基于统一的数据平台，因此 CATIA 的各个模块存在着真正的全相关性，三维模型的修改能完全体现在二维模型、模拟分析、模具和数控加工的程序中。

（3）并行工程的设计环境使得设计周期大大缩短。CATIA 提供多模型链接的工作环境及混合建模方式，使得并行工程设计模式已不再是新鲜的概念，总体设计部门只要将基本的结构尺寸发放出去，各分系统的人员便可开始工作，既可协同工作，又不互相牵连；由于模型之间的互相联结性，使得上游设计结果可作为下游的参考，同时，上游对设计的修改能直接影响到下游工作的刷新，实现真正的并行工程设计环境。

（4）CATIA 覆盖了产品开发的整个过程。CATIA 提供了完备的设计能力，从产品的概念设计到最终产品的形成，以其精确可靠的解决方案提供了完整的 2D、3D、参数化混合建模及数据管理手段，从单个零件的设计到最终电子样机的建立；同时，作为一个完全集成化的软件系统，CATIA 将机械设计、工程分析及仿真、数控加工和 CATweb 网络应用解决方案有机地结合在一起，为用户提供了严密的无纸工作环境，特别是 CATIA 中针对汽车、摩托车业的专用模块。

2. 行业应用

（1）航空航天。CATIA 源于航空航天工业，是业界无可争辩的领袖。CATIA 以其精确安全，可靠性满足商业、防御和航空航天领域各种应用的需要。在航空航天业的多个项目中，CATIA 被应用于开发虚拟的原型机，其中包括 Boeing 飞机公司（美国）的 Boeing 777 和 Boeing 737，Dassault 飞机公司（法国）的阵风（Rafale）战斗机，Bombardier 飞机公司（加拿大）的 Global Express 公务机，以及 Lockheed Martin 飞机公司（美国）的 Darkstar 无人驾驶侦察机。Boeing 飞机公司在 Boeing 777 项目中，应用 CATIA 设计了除发动机以外的 100% 的机械零件，并将包括发动机在内的 100% 的零件进行了预装配。Boeing 777 也是迄今为止唯一进行 100% 数字化设计和装配的大型喷气客机。CATIA 的后参数化处理功能在 777 的设计中也显示出了其优越性和强大的功能。为迎合特殊用户的需求，利用 CATIA 的参数化设计，Boeing 公司不必重新设计和建立物理样机，只需进行参数更改就可以得到满足用户需要的电子样机，用户可以在计算机上进行预览。

（2）汽车工业。CATIA 是汽车工业的事实标准，是欧洲、北美和亚洲顶尖汽车制造商所用的核心系统。CATIA 在造型风格、车身及引擎设计等方面具有独特的长处，为各种车辆的设计和制造提供了端对端（end to end）的解决方案。CATIA 涉及产品、加工和人三个关键领域。CATIA 的可伸缩性和并行工程能力可显著缩短产品的上市时间。

一级方程式赛车、跑车、轿车、卡车、商用车、有轨电车、地铁列车、高速列车，各种车辆在 CATIA 上都可以作为数字化产品，在数字化工厂内，通过数字化流程进行数字化工程实施。CATIA 的技术在汽车工业领域内是无人可及的，并且被各国的汽车零部件供应商认可。一些著名汽车制造商所做的采购决定，足以证明数字化车辆的发展动态。Scania 是居于世界领先地位的卡车制造商，总部位于瑞典。其卡车年产量超过 50 000 辆。当其他竞争对手的卡车零部件还在 25 000 个左右时，Scania 借助于 CATIA 系统，已经将卡车零部件减少了一半。在整个卡车研制开发过程中，使用更多的分析仿真，以缩短开发周期，提高卡车的性能和维护性。CATIA 系统是主要 CAD/CAM 系统，全部用于卡车系统和零部件的设计。通过应用这些新的设计工具，如发动机和车身底盘部门 CATIA 系统创成式零部件应力分析的应用，支持开发过程中的重复使用等应用，公司已取得了良好的投资回报。为了进一步提高产品的性能，Scania 公司在整个开发过程中正在推广设计师、分析师和检验部门更加紧密地协同工作方式。这种协同工作方式可使 Scania 公司更具市场应变能力，同时又能从物理样机和虚拟数字化样机中不断地积累产品知识。

（3）造船工业。CATIA 为造船工业提供了优秀的解决方案，包括专门的船体产品和船载设备、机械解决方案。船体设计解决方案已被应用于众多船舶制造企业，类似 General Dynamics、Meyer Weft 和 Delta Marin，涉及所有类型船舶的零件设计、制造、装配。船体的结构设计与定义是基于三维参数化模型的。参数化管理零件之间的相关性，相关零件的更改可以影响船体的外形。船体设计解决方案与其他 CATIA 产品是完全集成的。传统的 CATIA 实体和曲面造型功能用于基本设计和船体光顺。Bath Iron Works 应用 GSM（创成式外形设计）作为参数化引擎，进行驱逐舰的概念设计和与其他船舶结构设计解决方案进行数据交换。

4.2 版本的 CATIA 提供了与 Deneb 加工的直接集成，并在与 Fincantieri 的协作中得到发展，机器人可进行直线和弧线焊缝的加工并克服了机器人自动线编程的瓶颈。

（4）厂房设计。在丰富经验的基础上，IBM 和 Dassault - Systems 为造船业、发电厂、加工厂和工程建筑公司开发了新一代的解决方案，包括管道、装备、结构和自动化文档。CCPlant 是这些行业中的第一个面向对象的知识工程技术的系统。

CCPlant 已被成功应用于 Chrysler 及其扩展企业。使用 CCPlant 和 Deneb 仿真对正在建设中的 Toledo 吉普工厂设计进行了修改。费用的节省已经很明显地体现出来，并且对将来企业的运作有着深远的影响。

（5）加工和装配。一个产品仅有设计是不够的，还必须制造出来。CATIA 擅长为棱柱和工具零件作 2D/3D 关联、分析和 NC；CATIA 规程驱动的混合建模方案保证高速生产和组装精密产品，如机床、医疗器械、胶印机钟表及工厂设备等均能做到一次成功。

在机床工业中，用户要求产品能够迅速地进行精确制造和装配。Dassault-Systems 产品的强大功能使其应用于产品设计与制造的广泛领域。大的制造商像 Staubli 从 Dassault-Systems 的产品中受益匪浅。Staubli 使用 CATIA 设计和制造纺织机械和机器人。Gidding & Lewis 使用 CATIA 设计和制造大型机床。

Dassault-Systems 产品也同样应用于众多小型企业。像 Klipan 使用 CATIA 设计和生产电站的电子终端和控制设备。Polynorm 使用 CATIA 设计和制造压力设备。Tweko 使用 CADAM

设计焊接和切割工具。

（6）消费品。全球有各种规模的消费品公司信赖 CATIA，其中部分原因是 CATIA 设计的产品风格新颖，而且具有建模工具和高质量的渲染工具。CATIA 已用于设计和制造如下多种产品：餐具、计算机、厨房设备、电视和收音机以及庭院设备。

另外，为了验证一种新的概念在美观和风格选择上达到一致，CATIA 可以从数字化定义的产品生成具有真实效果的渲染照片。在真实产品生成之前，即可促进产品的销售。

1.6.7　ADAMS

ADAMS 即机械系统动力学自动分析（Automatic Dynamic Analysis of Mechanical Systems），该软件是美国机械动力公司（Mechanical Dynamics Inc.）开发的虚拟样机分析软件（图 1-23）。ADAMS 已经被全世界各行各业的数百家主要制造商采用。根据 1999 年机械系统动态仿真分析软件国际市场份额的统计资料，ADAMS 软件销售总额近 8 000 万美元、占据了 51% 的份额，现已经并入美国 MSC 公司。

图 1-23　ADAMS 界面

ADAMS 软件使用交互式图形环境和零件库、约束库、力库，创建完全参数化的机械系统几何模型，其求解器采用多刚体系统动力学理论中的拉格朗日方程方法，建立系统动力学方程，对虚拟机械系统进行静力学、运动学和动力学分析，输出位移、速度、加速度和反作用力曲线。ADAMS 软件的仿真可用于预测机械系统的性能、运动范围、碰撞检测、峰值载荷以及计算有限元的输入载荷等。

ADAMS 软件由基本模块、扩展模块、接口模块、专业领域模块及工具箱 5 类模块组成。用户不仅可以采用通用模块对一般的机械系统进行仿真，而且可以采用专用模块针对特定工业应用领域的问题进行快速有效的建模与仿真分析。

ADAMS 是全球运用最为广泛的机械系统仿真软件，用户可以利用 ADAMS 在计算机上建立和测试虚拟样机，实现实时在线仿真，了解复杂机械系统设计的运动性能。MD Adams

（MD 代表多学科）是在企业级 MSC SimEnterprise 仿真环境中与 MD Nastran 相互补充，提供了用于复杂的高级工程分析的完整的仿真环境，SimEnterprise 是当今最为完整的集成仿真和分析技术。

本 章 小 结

本章介绍了 MATLAB 软件的主要功能和特性。MATLAB 将数值分析、矩阵计算、科学数据可视化以及非线性动态系统的建模和仿真等诸多强大功能集成在一个易于使用的视窗环境中，为科学研究、工程设计以及必须进行有效数值计算的众多科学领域提供了一种全面的解决方案，并在很大程度上摆脱了传统非交互式程序设计语言（如 C、FORTRAN）的编辑模式，代表了当今国际科学计算软件的先进水平。

MATLAB 具有强大的科学计算机数据处理能力、出色的图形处理功能、应用广泛的模块集合工具箱和实用的程序接口和发布平台，并且为应用软件开发提供了便利。

MATLAB 软件可以方便地安装在 Windows 、Linux 和 Mac OS X 平台环境下，本章介绍了使用 MathWorks 账户激活安装 MATLAB 软件和使用文件安装密钥安装 MATLAB 软件两种方法。

第 2 章　MATLAB 的基本语法

【本章导读】

MATLAB 语言是一种功能非常强大的工程语言，本章主要讲解 MATLAB 的基本组成、语言特点、集成工作环境、运行方式、帮助系统五个方面的内容，以识记、了解内容为主，总体来看，并无难点。本章重点在于熟悉 MATLAB 的界面以及不同的人机交互窗口，要学会使用其自带的帮助系统。

【本章要点】

(1) 理解 MATLAB 的集成工作环境、运行方式；

(2) 了解 MATLAB 的基本组成、语言特点和帮助系统。

2.1　MATLAB 的基本组成

MATLAB 系统由 MATLAB 开发环境、MATLAB 数学函数库、MATLAB 语言、MATLAB 图形处理系统和 MATLAB 应用程序接口（API）五大部分组成。

1. MATLAB 开发环境

MATLAB 开发环境是一套方便用户使用 MATLAB 函数和文件的工具集，其中许多工具是图形化用户接口。它是一个集成化的工作区，可以让用户输入、输出数据，并提供了 M 文件的集成编译和调试环境。它包括 MATLAB 桌面、命令行窗口、M 文件编辑调试器、MATLAB 工作区和在线帮助文档等。

2. MATLAB 数学函数库

MATLAB 数学函数库包括大量的计算算法，从基本运算（如加法）到复杂算法（如矩阵求逆、贝济埃函数、快速傅里叶变换等），体现了其强大的数学计算功能。

3. MATLAB 语言

MATLAB 语言是一个高级的基于矩阵/数组的语言，具有程序流控制、函数、脚本、数据结构、输入/输出、工具箱和面向对象编程等特色。用户既可以用它来快速编写简单的程序，也可以用它来编写庞大复杂的应用程序。

4. MATLAB 图形处理系统

图形处理系统使得 MATLAB 能方便地图形化显示向量和矩阵，而且能对图形添加标注和打印。它包括强力的二维及三维图形函数、图像处理和动画显示等函数。

5. MATLAB 应用程序接口

MATLAB 程序接口可以使 MATLAB 方便地调用 C 和 FORTRAN 程序，以及在 MATLAB 与其他应用程序间建立客户/服务器关系。

2.2　MATLAB 语言的特点

MATLAB 语言具有以下特点。

1. 起点高

（1）每个变量代表一个矩阵，它有 $n×m$ 个元素。从 MATLAB 名字的来源可知，它以矩阵运算见长。在当前的科学计算中，几乎无处不用矩阵运算，这使 MATLAB 的优势得到了充分的体现。

（2）每个元素都看作复数。这个特点在其他语言中也是不多见的。

（3）所有的运算都对矩阵和复数有效，包括加、减、乘、除、函数运算等。

2. 人机界面适合科技人员

（1）语言规则与笔算式相似。MATLAB 程序与科技人员的书写习惯相近，因此易写易读，易于在科技人员之间交流。

（2）矩阵行列数无须定义。要输入一个矩阵，用其他语言时必须先定义矩阵的阶数，而 MATLAB 则不必用阶数定义语句。输入数据的行列数就决定了它的阶数。

（3）输入算式立即得出结果，无须编译。MATLAB 是以解释方式工作的，即它对每条语句解释后立即执行，若有错误也立即做出反应，便于编程者马上改正。这些都大大减少了编程和调试的工作量。

3. 强大而简易的作图功能

（1）能根据输入数据自动确定绘图坐标。

（2）能规定多种坐标系（极坐标、对数坐标等）。

（3）能绘制三维坐标中的曲线和曲面。

（4）可设置不同的颜色、线型、视角等。

如果数据齐全，通常只需一条命令即可出图。

4. 智能化程度高

（1）绘图时自动选择最佳坐标以及自动定义矩阵阶数。

（2）数值积分时自动按精度选择步长。

（3）自动检测和显示程序错误的能力强，易于调试。

5. 功能丰富，可扩展性强

MATLAB 软件包括基本部分和扩展部分。基本部分包括：矩阵的运算和各种变换，代数和超越方程的求解，数据处理和傅里叶变换，数值积分等，可以充分满足大学理工科本科的计算需要。本书将介绍这部分的主要内容。

扩展部分称为工具箱，它实际上是用 MATLAB 的基本语句编成的各种子程序集，专门用于解决某一方面的问题，或实现某一类的新算法。现在已经有控制系统、信号处理、图像处理、系统辨识、模糊集合、神经元网络、小波分析等 20 余个工具箱，并且它们还在继续发展中。

MATLAB 的核心内容在它的基本部分，所有的工具箱子程序都是由基本语句编写的，学好这部分是掌握 MATLAB 必不可少的基础。

2.3　MATLAB 的集成工作环境

在 MATLAB R2016a 的安装目录内的 bin 文件夹下，双击 MATLAB.exe 图标，启动 MATLAB R2016a，出现启动界面，如图 2-1 所示；启动后，弹出 MATLAB R2016a 的用户界面。

图 2-1　MATLAB R2016a 启动界面

MATLAB R2016a 的主界面即用户的工作环境，包括菜单栏、工具栏、开始按钮和各个不同的窗口，如图 2-2 所示。本节主要介绍 MATLAB 各交互界面的功能及其操作。

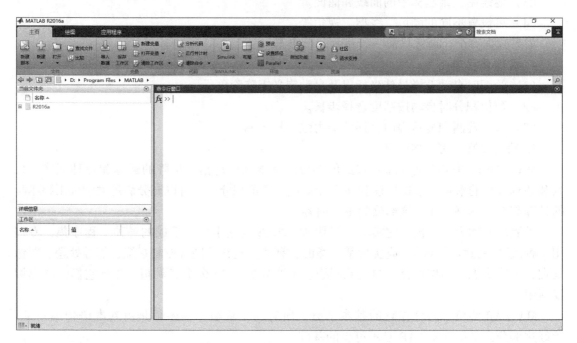

图 2-2　MATLAB R2016a 的主界面

2.3.1　菜单/工具栏

MATLAB 的菜单/工具栏中包含 3 个标签，分别为主页、绘图和应用程序。其中，绘图标签下提供数据的绘图功能；应用程序标签提供了各应用程序的入口；主页标签提供了下述主要功能。

（1）新建：用于建立新的 m 文件、图形、模型和图形用户界面。

（2）新建脚本：用于建立新的 .m 脚本文件。

（3）打开：用于打开 MATLAB 的 .m 文件、.fig 文件、.mat 文件、.mdl 文件、.cdr 文件等，也可以通过快捷键 Ctrl+O 来实现此项操作。

（4）导入数据：用于从其他文件导入数据，单击 ⊚预设 按钮后弹出对话框，选择导入文件的路径和位置。

（5）保存工作区：用于把工作区的数据存放到相应的路径文件中。

（6）设置路径：设置工作路径。

（7）预设：用于设置命令窗的属性，单击"预设"按钮弹出如图 2-3 所示的属性界面。

（8）布局：提供工作界面上各个组件的显示选项，并提供预设的布局。

（9）帮助：打开帮助文件或其他帮助方式。

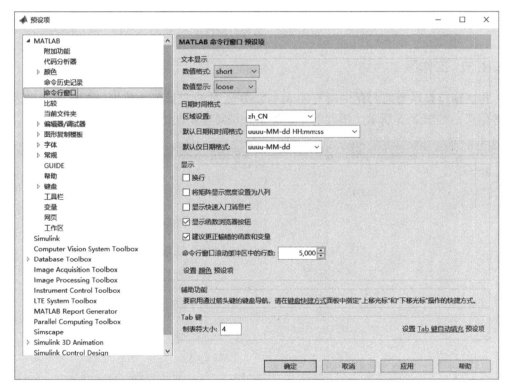

图 2-3　"预设项"对话框

2.3.2　命令行窗口

命令行窗口是 MATLAB 最重要的窗口。用户输入各种指令、函数、表达式等都是在命令行窗口内完成的，如图 2-4 所示。

单击命令行窗口右上角的下三角形图标并选择"取消停靠"，可以使命令行窗口脱离 MATLAB 界面，成为一个独立的窗口；同理，单击独立的命令行窗口右上角的下三角形图标并选择"停靠"，可使命令行窗口再次合并到 MATLAB 主界面。

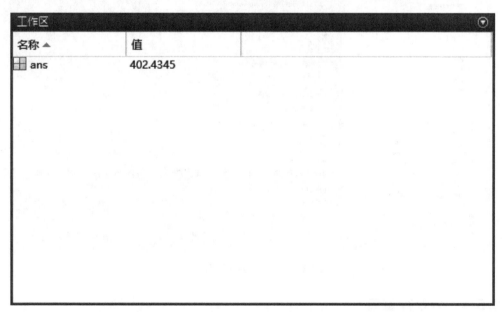

图 2-4　命令行窗口

2.3.3　工作区

工作区窗口显示当前内存中所有的 MATLAB 变量的变量名、数据结构、字节数及数据类型等信息，如图 2-5 所示。不同的变量类型分别对应不同的变量名图标。

图 2-5　工作区窗口

用户可以选中已有变量，右击对其进行各种操作。此外，工作界面的菜单栏/工具栏中也有相应的命令供用户使用。

（1）新建变量：向工作区添加新的变量。

（2）导入数据：向工作区导入数据文件。

（3）保存工作区：保存工作区中的变量。

（4）清除工作区：删除工作区中的变量。

2.4　MATLAB 的运行方式

MATLAB 提供了两种运行方式，即命令运行方式和 M 文件运行方式，两种运行方式各有特点。

1. 命令运行方式

通过直接在命令窗口输入命令实现计算或作图功能。例如求矩阵 A 和 B 的和，其中

$$A = \begin{bmatrix} 1 & 4 & 7 \\ 2 & 5 & 8 \\ 3 & 6 & 9 \end{bmatrix}, B = \begin{bmatrix} 1 & 2 & 3 \\ 4 & 5 & 6 \\ 7 & 8 & 9 \end{bmatrix}$$

在 MATLAB 命令窗口中输入如下命令：

```
A= [1 4 7;2 5 8;3 6 9];
B= [1 2 3;4 5 6;7 8 9];
C=A+B
```

运行结果如下：

```
C =

    2     6    10
    6    10    14
   10    14    18
```

2. M 文件运行方式

在 MATLAB 界面中选择"主页"→"新建脚本"（或"主页"→"新建"→"脚本"）命令，打开 M 文件编辑器，如图 2-6 所示。

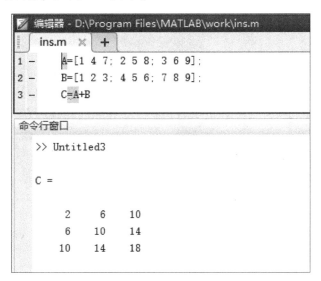

图 2-6　M 文件运行方式

在该窗口中输入上述程序并命名存盘，然后选择菜单命令"编辑器"→"运行"执行，

也可以在命令窗口中输入 M 文件名运行，运行结果同上。

2.5　MATLAB 的帮助系统

帮助文档是应用软件的重要组成部分，文档编制的质量直接关系到应用软件的记录、控制、维护、交流等一系列工作。

在当今软件生产中，没有一流的软件文档，就不会有一流的软件产品。MATLAB 提供完善的帮助系统，不仅对初学者，而且对熟练操作 MATLAB 的用户都有很大的帮助。

2.5.1　纯文本帮助

MATLAB 中的各个函数，不管是内建函数、M 文件函数，还是 MEX 文件函数等，一般都有 M 文件的使用帮助和函数功能说明，各个工具箱通常情况下也具有一个与工具箱名称相同的 M 文件来说明工具箱的构成内容。

因此，在 MATLAB 命令行窗口中，可以通过一些命令来获取这些纯文本的帮助信息。这些命令包括 help、lookfor、which、doc、get、type 等。

在 MATLAB 命令窗口中直接输入 help 命令将会显示当前帮助系统中所包含的所有项目，即搜索路径中的所有的目录名称。同样，可以通过 help 加函数名来显示该函数的帮助说明，常用的调用方式为：

```
help FUN
```

执行该命令可以查询到有关于 FUN 函数的使用信息。例如要了解 cos 函数的使用方法，可以在命令行窗口中输入如下代码：

```
help cos
```

显示结果如下：

```
cos     Cosine of argument in radians.
cos (X) is the cosine of the elements of X.
See also acos, cosd.
```

help 命令只能搜索出那些与关键字完全匹配的结果，lookfor 命令对搜索范围内的 M 文件进行关键字搜索，条件比较宽松。lookfor 命令只对 M 文件的第一行进行搜索。若在 lookfor 命令后加上 -all 选项，则可对 M 文件进行全文搜索。其调用方式为：

```
lookfor topic
```

或者：

```
lookfor topic -all
```

2.5.2　演示（Demos）帮助

通过 Demos 演示帮助，用户可以更加直观、快速地学习 MATLAB 中许多实用的知识。可以通过以下两种方式打开演示帮助：

（1）选择 MATLAB 主界面菜单栏中帮助下的示例命令。

（2）在命令行窗口中输入。

无论采用上述何种方式，执行命令后都会弹出帮助窗口，如图 2-7 所示。MATLAB

Examples标签里面又分为 Getting Started、Mathematics、Graphics 等一系列的演示。

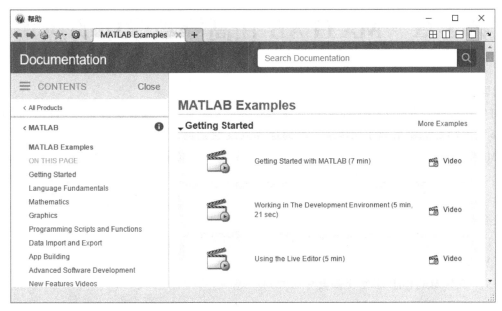

图 2-7　帮助窗口

2.5.3　帮助导航浏览器

帮助导航浏览器是 MATLAB 专门提供的一个独立的帮助子系统。该系统包含的所有帮助文件都存储在 MATLAB 安装目录下的 help 子目录下。用户可以采用以下两种方法打开帮助导航浏览器，分别为：

```
helpbrowser
```

或者：

```
Doc
```

本 章 小 结

本章主要讲述了 MATLAB 的组成部分、主要特点、命令的运行方式；重点讲述了 MATLAB 的工作界面和不同的人机交互操作，以及使用内置帮助系统的几种常用方式。

第3章 MATLAB 在高等数学中的应用

【本章导读】

MATLAB 语言是一种功能非常强大的工程语言，而矩阵和函数运算是 MATLAB 的基础，其许多强大的功能都依赖于矩阵和函数的运算以及它们的扩展运算。本章从函数运算出发，讲解 MATLAB 在高等数学中的应用，主要从线性代数、概率统计、神经网络和复变函数这四个方面展开。重点在于线性代数和概率统计，这两种运算几乎贯穿整个 MATLAB 软件的学习，难点在于神经网络，一些概念和函数类型需要读者多多了解和学习。

【本章要点】

(1) 重点掌握 MATLAB 在线性代数和概率统计中的应用；

(2) 理解 MATLAB 在神经网络中的应用；

(3) 了解 MATLAB 在复变函数中的应用。

3.1 MATLAB 在线性代数中的应用

线性代数的主要特点是靠大量重复性的四则运算来解题，用笔算或用计算器计算时因为用的模型是单个数与数的计算，随着方程元数 N 的增加，运算的次数就按 N 的平方或立方增加，出错的概率也会迅速增长，所以笔算只能解三阶以下的问题。用这种方法解决高阶的问题，读者就会感到抽象、冗繁和枯燥。用计算机计算时，利用的是矩阵模型，它的运用对象是由庞大的数据群组成的矩阵，所以解决几十、几百、几千元的方程都易如反掌。只要给出原始数据组成的矩阵，输入一两个命令就可以得出准确的结果，把冗繁变得简单。MATLAB 的作图能力很强，容易把抽象的问题形象化；又由于其解题简捷，很容易在课程中引入并解决大量的应用例题，因此使得原本枯燥的课程变得丰富多彩。

线性代数解决的实际问题大体上分为三类：①求线性代数方程组（包括欠定、适定和超定）的解；②分析向量的线性相关性；③矩阵的特征值与对角化。线面的例题主要围绕这几个方面展开。常用的函数不超过 10 个，如 rref、det、inv、pinv、rank、cond、eig、poly 等。

3.1.1 线性方程组的解

【例 3-1】 求解下列方程组：

$$\begin{cases} 6x_1 + x_2 + 6x_3 - 6x_4 = 7 \\ x_1 - x_2 + 9x_3 + 9x_4 = 5 \\ -2x_1 + 4x_2 - 4x_4 = -7 \\ 4x_1 + 2x_2 + 7x_3 - 5x_4 = -9 \end{cases}$$

解：可以把线性方程组写成矩阵方程 $\boldsymbol{Ax} = \boldsymbol{b}$ 的形式，其中

$$A = \begin{bmatrix} 6 & 1 & 6 & -6 \\ 1 & -1 & 9 & 9 \\ -2 & 4 & 0 & -4 \\ 4 & 2 & 7 & -5 \end{bmatrix}, \quad x = \begin{bmatrix} x_1 \\ x_2 \\ x_3 \\ x_4 \end{bmatrix}, \quad b = \begin{bmatrix} 7 \\ 5 \\ -7 \\ -9 \end{bmatrix}$$

解这个方程可以用下列几种方法。

方法一：用消元法将其增广矩阵 $[A, b]$ 化为最简行阶梯形式，MATLAB 用 rref 作为命令。程序如下：

```
A = [6 1 6 -6; 1 -1 9 9; -2 4 0 -4; 4 2 7 -5];
b = [7; 5; -7; -9];
U = rref ([A, b])

U =

1.0000        0        0        0    15.5783
     0   1.0000        0        0    14.6988
     0        0   1.0000        0    -8.2018
     0        0        0   1.0000     8.6596
```

这个矩阵就代表了方程组的解为：

$$\begin{cases} x_1 = 15.5783 \\ x_2 = 14.6988 \\ x_3 = -8.2018 \\ x_4 = 8.6596 \end{cases}$$

方法二：用 x = inv(A) * b。

方法三：用 x = A \ b。

对于方程数与未知数数目相等的适定方程，三种方法所得的结果是一样的；如果方程是欠定的，则行列式 $\det(A) = 0$，方法二、方法三会得出不可信的解；如果方程是超定的，A 不是方阵，方法二会导致出错警告，用方法三将得出最小二乘意义下的解。所以，最好使用方法一进行求解。

【例 3-2】　已知齐次线性方程组：$\begin{cases} (1 - 2k)x_1 + 3x_2 + 3x_3 + 3x_4 = 0 \\ 3x_1 + (2 - k)x_2 + 3x_3 + 3x_4 = 0 \\ 3x_1 + 3x_2 + (2 - k)x_3 + 3x_4 = 0 \\ 3x_1 + 3x_2 + 3x_3 + (11 - k)x_4 = 0 \end{cases}$，当 k 取何值时方

程组有非零解？在有非零解的情况下求出其基础解系。

解：编写程序如下：

```
clear
syms k                                          % 定义符号变量 k
A = [1-2*k, 3, 3, 3; 3, 2-k, 3, 3; 3, 3, 2-k, 3; 3, 3, 3, 11-k];   % 给系数矩阵赋值
D = det (A);                                     % 算出系数矩阵的行列式
kk = solve (D);                                  % 解方程 "D=0"，得到解 "kk"，即 k 值
```

```
for i=1: 4
AA=subs (A, k, kk (i) );              % 分别把 k 值代入系数矩阵 A 中
fprintf ('当 k=');
disp (kk (i) );                       % 显示 k 的取值
fprintf ('基础解系为：\n');
disp (null (AA) )                     % 计算齐次线性方程组 "Ax=0" 的基础解系
end
```

计算结果显示如下：

当 k=-1 时，基础解系为：

```
[ -1, -1]
[ 1, 0]
[ 0, 1]
[ 0, 0]
```

当 k=7/2 时，基础解系为：

```
-1/2
 -1
 -1
 1
```

当 k=14 时，基础解系为：

```
1/5
2/5
2/5
 1
```

3.1.2　特征方程与特征值

【例3-3】　设有实对称矩阵 $A=\begin{bmatrix} 1 & 2 & 2 \\ 2 & 1 & 2 \\ 2 & 2 & 1 \end{bmatrix}$，试求其特征方程、特征根和特征向量，并讨论矩阵的行列式和迹与特征值的关系。

解：程序如下：

```
% (1) 分部计算特征值和特征向量
A= [1 2 2; 2 1 2; 2 2 1]              % 输入矩阵参数
f=poly (A)                           % 求其特征多项式的系数向量 f
r=roots (f)                          % 求其特征根
for i=1: 3                           % 将三个特征根分别带入特征方程，得齐次方程
  p ( :, i) =null (A-r (i) * eye (3) ); % 求特征方程得基础解，即特征向量
end,
p, d=diag (r)                        % 列出特征向量矩阵和特征根（对角）矩阵
% (2) 用 eig 函数求特征值和特征向量的 MATLAB 语句如下：
[p1, d1] = eig (A)                   % 一步求出特征值和特征向量
dat (A) , det (d) , trace (A) , trace (d) % 求原矩阵及特征根矩阵的行列式和迹
```

（1）分部计算的结果为：

```
f =
    1    -3    -9    -5
r =
  5.0000
 -1.0000
 -1.0000
```

说明此矩阵 A 的特征方程为 $\lambda^3 - 3\lambda^2 - 9\lambda - 5 = 0$，特征根为 5，-1，-1。将特征根在主对角线上排列，即构成特征值矩阵。P 的三列为对应的特征向量。

```
p1 =
   0.6015    0.5522    0.5774
   0.1775   -0.7970    0.5774
  -0.7789    0.2448    0.5774
d1 =
  -1.0000         0         0
        0   -1.0000         0
        0         0    5.0000
```

两者的差别仅仅是特征值和特征向量的排列不同，因为 eig 函数中把特征值递增排列。输入

```
p' * p, p' * A * p
```

不难检验其特征向量阵具有如下特性：

p' * p = eye (3)，即 p' = inv (p)

p' * A * p = d，即 A * p = p * d

（2）dat（A）= 5, det（d）= 5

　　　trace（A）= 3, trace（d）= 3

可见其特征根的和仍为原矩阵的迹，其特征根的积仍为原矩阵的行列式。

3.1.3　向量相关性

【例 3-4】　对于由三个在 R^4 空间的四维基向量 v_1、v_2、v_3 组成的子空间，问 w_1 和 w_2 是否在此子空间内，其中

$$v_1 = \begin{bmatrix} 7 \\ -4 \\ -2 \\ 9 \end{bmatrix}, \quad v_2 = \begin{bmatrix} -4 \\ 5 \\ -1 \\ -7 \end{bmatrix}, \quad v_3 = \begin{bmatrix} 9 \\ 4 \\ 4 \\ -7 \end{bmatrix}, \quad w_2 = \begin{bmatrix} -9 \\ 7 \\ 1 \\ -4 \end{bmatrix}, \quad w_2 = \begin{bmatrix} 10 \\ -2 \\ 8 \\ -2 \end{bmatrix}$$

解：本题的要点在于研究 w 是否能由 v_1、v_2、v_3 以线性组合的方式组成，即是否能找到三个常数 c_1、c_2、c_3，以便得到三个基向量的线性组合：

$$c_1 v_1 + c_2 v_2 + c_3 v_3 = w$$

能实现这个关系的 w 与向量组 v_1、v_2、v_3 线性相关；反之就线性无关。

方法一：利用向量组的最大无关组的概念可以解决这个问题。把五个向量列成一个矩阵

A，对它进行阶梯变换，从最简行阶梯的构成来判断其相关性。输入

$$A = [v1, \ v2, \ v3, \ w1, \ w2], \quad U0 = rref(A)$$

得到
$$U_0 = \begin{bmatrix} 1 & 0 & 0 & 0 & -1 \\ 0 & 1 & 0 & 0 & -2 \\ 0 & 0 & 1 & 0 & 1 \\ 0 & 0 & 0 & 1 & 0 \end{bmatrix}$$

可见最大无关组是由 v_1、v_2、v_3、w_1 四个向量组成，也就是说四个向量线性无关，w_1 不可由 v_1、v_2、v_3 组合而成。而 w_2 与 v_1、v_2、v_3 构成的矩阵只有三行，其秩为 3，所以它与 v_1、v_2、v_3 线性无关，即可以由 v_1、v_2、v_3 的线性组合构成。U_0 矩阵中对应于 w_2 列的系数恰好就是 c，即 $c_1 = -1$，$c_2 = -2$，$c_3 = 1$。

用对向量组矩阵进行行阶梯分析的方法可以得到全局的形象结果，所以我们建议把行阶梯变换作为贯穿在线性代数各部分的主要方法。

方法二：把三个列向量并排成矩阵 $v = [v_1, v_2, v_3]$，c_1、c_2、c_3 排列成列向量 c，则上述方程可以写成矩阵与向量乘积的形式 $v * c = w$。若 w 与 v 线性相关，其组合矩阵 $[v, w]$ 的秩应该与 v 的秩相同；反之，其组合矩阵 $[v, w]$ 的秩应该加 1。可见重要的是秩的增量，故写出以下程序：

```
v1 = [7; -4; -2; 9]; v2 = [-4; 5; -2; -7]; v3 = [9; 4; 4; -7];
w1 = [-9; 7; 1; -4]; w2 = [10; -2; 8; -2];        % 输入参数
v = [v1, v2, v3];                                  % 将三个基向量组成矩阵
dr1 = rank ( [v, w1] ) -rank (v)                   % v 与 w1 组合后矩阵秩的增量
dr2 = rank ( [v, w2] ) -rank (v)                   % v 与 w2 组合后矩阵秩的增量
```

运行这个程序，得到

```
dr1 = 1, dr2 = 0
```

这说明 w_1 不是 v_1、v_2、v_3 的线性组合，而 w_2 是 v_1、v_2、v_3 的线性组合。

由 v_1、v_2、v_3 组成向量 w_2 的常数乘子 c_1、c_2、c_3 可以由语句 $c = v \backslash w_2$ 求得，结果与按方法一所求相同。

3.2　MATLAB 在概率统计中的应用

大学基础数学包括三个部分：微积分、线性代数及概率论与数理统计。从计算软件的结构来看，MATLAB 的基本部分中与概率统计有关的只有均匀分布随机数生成函数 rand 和正态分布随机数生成函数 randn。借助于这两个函数和 MATLAB 课程中的其他基本功能编写了各种子程序，构成了统计工具箱（stats），这个工具箱提供了"概率论与数理统计"课程中所需的主要函数。

3.2.1　各种统计分布函数

表 3-1 中列出了 20 种概率分布类型，统计工具箱中提供了它们的分布函数 cdf、概率密度函数 pdf、分布函数的逆函数 inv 以及这些分布的理论统计特性（均值和方差）计算函数 stat。

表 3-1　MATLAB 中表示各种概率分布的前缀文字

连续（数据）	连续（统计量）	离散（数据）
贝塔分布（beta~）	χ^2 分布（Chi2~）	二项式分布（bino~）
指数分布（exp~）	非中心 χ^2 分布（ncx2~）	离散均匀分布（unid~）
Γ-分布（gam~）	F-分布（f~）	几何分布（geo~）
对数正态分布（logn~）	非中心 F-分布（ncf~）	超几何分布（hyge~）
正态分布（norm~）	T-分布（t~）	负二项式分布（nbin~）
瑞利分布（rayl~）	非中心 T-分布（nct~）	泊松分布（poiss~）
均匀分布（unif~）		
韦伯分布（weib~）		

在给定的一组数据中，还常要对它们进行最大、最小、中值的查找或对它们排序等操作。MATLAB 中也有这样的功能函数。

·max：求随机变量的最大值元素。

·min：求随机变量的最小值元素。

·median：求随机变量的中值。

·mad：求随机变量的绝对差分平均值。

·sort：对随机变量由小到大排序。

·sortrows：对随机矩阵按首行进行排序。

·range：求随机变量的值的范围，即最大值与最小值的差（极差）。

求向量或矩阵的元素累和或累积运算是比较常用的两类运算，在 MATLAB 中可由以下函数实现。

·sum：若 X 为向量，sum（X）为 X 中各元素之和，返回一个数值；若 X 为矩阵，sum(X)为 X 中各列元素之和，返回一个行向量。

·cumsum：求当前元素与所有前面位置的元素和。返回与 X 同维的向量或矩阵。

·cumtrapz：梯形累和函数。

·prod：若 X 为向量，prod（X）为 X 中各元素之积，返回一个数值；若 X 为矩阵，prod（X）为 X 中各列元素之积，返回一个行向量。

·cumprod：求当前元素与所有前面位置的元素之积。返回与 X 同维的向量或矩阵。

3.2.2　离散型随机变量的概率及概率分布

无论是离散分布还是连续分布，在 MATLAB 中，都用通用函数 pdf 或专用函数来求概率密度函数值。而对于离散型随机变量，取值是有限个或可数个，因此，其概率密度函数值就是某个特定值的概率，即利用函数 pdf 求输入分布的概率。

1. 通用概率密度函数 pdf 计算特定值的概率

命令：

```
pdf
```

格式为：

```
Y = pdf ('name', k, A)
```

```
Y = pdf ('name', k, A, B)
Y = pdf ('name', k, A, B, C)
```

说明：返回以 name 为分布，在随机变量 $X = k$ 处，参数为 A、B、C 的概率密度值；对离散型随机变量 X，返回 $X = k$ 处的概率值，name 为分布函数名。

常见的分布有：name = bino（二项分布），hyge（超几何分布），geo（几何分布），poiss（Poisson 分布）。

2. 专用概率密度函数计算特定值的概率

（1）二项分布的概率值。

命令：

```
binopdf
```

格式：

```
binopdf (k, n, p)
```

说明：等同于 pdf ('bino', k, n, p)。n 为试验总次数；p 为每次试验事件 A 发生的概率；k 为事件 A 发生 k 次。

（2）Poisson 分布的概率值。

命令：

```
poisspdf
```

格式：

```
poisspdf (k, Lambda)
```

说明：等同于 pdf ('poiss', k, Lambda)，参数 Lambda $= np$。

（3）超几何分布的概率值。

命令：

```
hygepdf
```

格式：

```
hygepdf (k, N, M, n)
```

说明：等同于 pdf ('hyge', k, N, M, n)，N 为产品总数，M 为次品总数，n 为抽取总数（$n \leq N$），k 为抽得次品数。

3. 通用函数 cdf 用来计算随机变量 $X \leq k$ 的概率之和（累积概率值）

命令：

```
cdf
```

格式：

```
cdf ('name', k, A)
cdf ('name', k, A, B)
cdf ('name', k, A, B, C)
```

说明：返回以 name 为分布、随机变量 $X \leq k$ 的概率之和（即累积概率值），name 为分布函数名。

4. 专用函数计算累积概率值（随机变量 $X \leq k$ 的概率之和，即分布函数）

（1）二项分布的累积概率值。

命令：

```
binocdf
```

格式：

```
binocdf (k, n, p)
```

（2）Poisson 分布的累积概率值。

命令：

```
poisscdf
```

格式：

```
poisscdf (k, Lambda)
```

（3）超几何分布的累积概率值。

命令：

```
hygecdf
```

格式：

```
hygecdf (k, N, M, n)
```

具体示例如下：

（1）二项分布。设随机变量 X 的分布律为：

$$P\{X = k\} = C_n^k p^k (1 - p)^{n-k}, \ k = 1, \ 2, \ 3, \ \cdots, \ n$$

其中：$0 < p < 1$，n 为独立重复试验的总次数，k 为 n 次重复试验中事件 A 发生的次数，p 为每次试验事件 A 发生的概率。则称 X 服从二项分布，记为 $X \sim B(n, p)$。

【例 3-5】　某机床出次品的概率为 0.01，求生产 100 件产品中：

① 恰有 1 件次品的概率。

② 至少有 1 件次品的概率。

解：此问题可看作是 100 次独立重复试验，每次试验出次品的概率为 0.01。

① 恰有 1 件次品的概率。

在 MATLAB 命令窗口输入：

```
p=pdf ('bino', 1, 100, 0.01)        % 利用通用函数计算恰好发生 k 次的概率
p =
0.3697
```

或在 MATLAB 命令窗口输入：

```
p=binopdf (1, 100, 0.01)            % 利用专用函数计算恰好发生 k 次的概率
p =
0.3697
```

② 至少有 1 件次品的概率。

在 MATLAB 命令窗口输入：

```
p=1-cdf ('bino', 0, 100, 0.01)
% cdf 是用来计算 X≤k 的累积概率值的通用函数，这里是计算 X≥1 的概率值
p =
0.6340
```

或在 MATLAB 命令窗口输入：

```
p=1-binocdf (0, 100, 0.01)
p =
    0.6340
```

（2）Poisson 分布。设随机变量 X 的分布律为：

$$P\{x=k\} = \frac{\lambda^k}{k!}e^{-\lambda}, \quad k = 0, 1, 2, \cdots; \quad \lambda > 0$$

则称 X 服从参数为 λ 的 Poisson 分布，记为 $X \sim P(\lambda)$。Poisson 是二项分布的极限分布，当二项分布中的 n 较大而 p 又较小时，常用 Poisson，$\lambda = np$。

【例3-6】 自 1875—1955 年中的某 63 年间，某城市夏季（5—9 月间）共发生暴雨 180 次，试求在一个夏季中发生 k 次（$k=0, 1, 2, \cdots, 8$）暴雨的概率 P_k（设每次暴雨以 1 天计算）。

解： 一年夏天共有天数为

$$n = 31+30+31+31+30 = 153$$

故可知夏天每天发生暴雨的概率约为 $p = \dfrac{180}{63 \times 153}$，很小，$n = 153$ 较大，可用 Poisson 分布近似，$\lambda = np = \dfrac{180}{63}$。

程序如下：

```
p=input ('input p=')
n=input ('input n=')
lambda=n*p
for k=1:9                          % 循环变量的最小取值是从 k=1 开始
    p_ k (k) =poisspdf (k-1, lambda);
end
p_ k
```

在 MATLAB 的命令窗口输入 LX0802，回车后按提示输入 p 和 n 的值，显示如下：

```
input p=180/(63*153)
p =
    0.0187
input n=153
n =
    153
lamda =
    2.8571
p_ k =
  Columns 1 through 7
    0.0574    0.1641    0.2344    0.2233    0.1595    0.0911    0.0434
  Columns 8 through 9
    0.0177    0.0063
```

（3）超几何分布。设一批同类产品共 N 件，其中有 M 件次品，从中任取 n（$n \leqslant N$）件，其次品数 X 恰为 k 件的概率分布为：

$$P\{X=k\} = \frac{C_M^k C_{N-M}^{n-k}}{C_N^n}, \quad k = 0, 1, 2, \cdots, \min(n, M)$$

则称次品数 X 服从参数为 (N, M, n) 的超几何分布。超几何分布用于无放回抽样，当 N 很

大而 n 较小时，次品率 $p = \dfrac{M}{N}$ 在抽取前后差异很小，就用二项分布近似代替超几何分布，其

中二项分布的 $p = \dfrac{M}{N}$。而且在一定条件下，也可用 Poisson 分布近似代替超几何分布。

【例 3-7】 设盒中有 5 件同样的产品，其中 3 件正品，2 件次品，从中任取 3 件，求不能取得次品的概率。

解： 在 MATLAB 编辑器中编辑 M 文件：LX3203. m。

```
N=input ('input N=')
M=input ('input M=')
n=input ('input n=')
for k=1: M+1
  p_ k=hygepdf (k-1, N, M, n)
end
```

在 MATLAB 的命令窗口输入 LX0804，回车后按提示输入 N、M、n 的值，显示如下：

```
input N=5
N =
    5
input M=2
M =
    2
input n=3
n =
    3
p_ k =
    0.1000
p_ k =
    0.6000
p_ k =
    0.3000
```

这里，p_ k = （0.1000　0.6000　0.3000）表示取到次品数分别为 $X=0$，1，2 的概率。

3.2.3　连续型随机变量的概率及其分布

1. 概率密度函数值

连续型随机变量：如果存在一非负可积函数 $f(X)$，使对于任意实数 X，有 $f(X) = \int_{-\infty}^{X} f(t)\,\mathrm{d}t$，函数 $f(X)$ 称作随机变量 X 的概率密度函数。通用函数 pdf 和专用函数用来求密度函数在某个点 X 处的值。

【例 3-8】 计算正态分布 $N(0, 1)$ 在点 0.7733 的概率密度值。

解： 在 MATLAB 命令窗口输入：

```
pdf ('norm', 0.7733, 0, 1)        % 利用通用函数
ans =
    0.2958
```

```
normpdf (0.7733, 0, 1)              % 利用专用函数
ans =
    0.2958
```

两者计算结果完全相同。

【例 3-9】 绘制卡方分布密度函数在 n 分别等于 1，5，15 时的图形。

解：在 MATLAB 编辑器中编辑 M 文件：LX3205.m。

```
x = 0: 0.1: 30;
y1 = chi2pdf (x, 1);
plot (x, y1, ': ')
hold on
y2 = chi2pdf (x, 5);
plot (x, y2, '+')
y3 = chi2pdf (x, 15);
plot (x, y3, 'o')
axis ( [0, 30, 0, 0.2] )
xlabel ('图 3-1')
```

在命令窗口输入 LX0806，回车后得到的结果如图 3-1 所示。

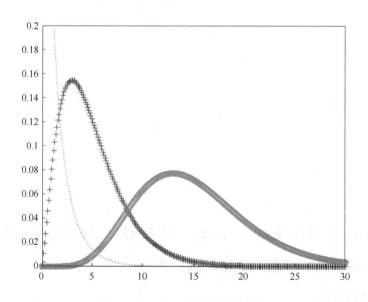

图 3-1　卡方分布密度函数图形

2. 累积概率函数值（分布函数）

连续型随机变量的累积概率函数值是指随机变量 $X \leqslant x$ 的概率之和，即

$$P\{X \leqslant x\} = \int_{-\infty}^{x} p(t)\,\mathrm{d}t$$

也就是连续型随机变量的分布函数 $F(x)$。$F(x)$ 既可以用通用函数，也可以用专用函数来计算。通常用这些函数计算随机变量落在某个区间上的概率和随机变量 X 的分布函数 $F(x)$。

【例 3-10】 某公共汽车站从上午 7:00 起每 15 分钟来一班车。若某乘客在 7:00 到 7:30

间的任何时刻到达此站等是可能的，试求他候车的时间不到 5 分钟的概率。

解： 设乘客 7 点过 X 分钟到达此站，则 X 在 [0，30] 内服从均匀分布，当且仅当他在时间间隔（7:10，7:15）或（7:25，7:30）内到达车站时，侯车时间不到 5 分钟。故其概率为：

$$p = P\{10<X<15\} + P\{25<X<30\}$$

在 MATLAB 编辑器中建立 M 文件 LX3206. m 如下：

```
format rat
p1=unifcdf (15, 0, 30) -unifcdf (10, 0, 30);
p2=unifcdf (30, 0, 30) -unifcdf (25, 0, 30);
p=p1+p2
```

运行结果为：

```
p =
1/3
```

【例 3-11】 设随机变量 X 的概率密度为

$$p(x) = \begin{cases} \dfrac{c}{\sqrt{1-x^2}}, & |x| < 1; \\ 0, & |x| \geq 1。 \end{cases}$$

1）确定常数 c。

2）求 X 落在区间 $\left(-\dfrac{1}{2}, \dfrac{1}{2}\right)$ 内的概率。

3）求 X 的分布函数 $F(x)$。

解：（1）在 MATLAB 编辑器中建立 M 文件 LX32071. m，如下：

```
syms c x
p_ x=c/sqrt (1-x^2);
F_ x=int (p_ x, x, -1, 1)
```

运行结果为：

```
F_ x =
    pi * c
```

由 pi * c=1 得　　c=1/ pi。

（2）在 MATLAB 编辑器中建立 M 文件 LX32072. m，如下：

```
syms x
c='1/pi';                        % '1/pi'不加单引号，其结果的表达式有变化
p_ x=c/sqrt (1-x^2);
format rat
p1=int (p_ x, x, -1/2, 1/2)
```

运行结果为：

```
p1 =
  1/3
```

（3）在 MATLAB 编辑器中建立 M 文件 LX32073. m，如下：

```
syms x t
c='1/pi';
```

```
p_ t=c/sqrt (1-t^2);
F_ x=int (p_ t, t, -1, x)
```
运行结果为：
```
F_ x =
1/2 * (2 * asin (x) +pi) /pi
simple (F_ x)
ans =
asin (x) /pi+1/2
```

所以，X 的分布函数为：$F(x) = \begin{cases} 0 & , \ x < 0; \\ \dfrac{\arcsin x}{\pi} + \dfrac{1}{2} & , \ -1 \leqslant x < 1; \\ 1 & , \ x \geqslant 1。\end{cases}$

3.3　MATLAB 在神经网络中的应用

3.3.1　神经网络的基本概念

神经网络的基本单元为神经元，它是对生物神经元的简化和模拟。神经元的特征在某种程度上决定了神经网络的总体特征。大量简单神经元连接即构成了神经网络，模型如图 3-2 所示。

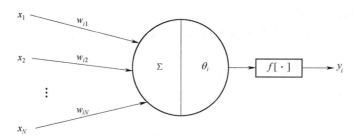

图 3-2　神经元模型

如图 3-2 所示的一个典型的神经元模型主要由以下五部分组成。

（1）输入。x_1，x_2，…，x_N 代表神经元的 N 个输入。在 MATLAB 中，输入可以用一个 $N \times 1$ 维的列矢量 $\boldsymbol{x}$ 表示（其中 T 表示取转置）：

$$\boldsymbol{x} = [x_1, \ x_2, \ \cdots, \ x_N]^{\mathrm{T}}$$

（2）网络权值和阈值。w_{i1}，w_{i2}，…，w_{iN} 代表网络权值，表示输入与神经元间的连接强度；θ_i 为神经元阈值，可以看作是一个输入恒为 1 的网络权值。在 MATLAB 中，神经元的网络权值可以用一个 $1 \times R$ 维的行矢量 $\boldsymbol{w}$ 来表示：

$$\boldsymbol{w} = [w_{i1}, \ w_{i2,} \ \cdots, \ w_{iN}]$$

阈值 θ 为 1×1 的标量。

值得注意的是，不论是权值还是阈值，都是可调的。正是基于神经网络权值和阈值的动态调节，神经元乃至神经网络才得以表现出某些行为特征。因此，网络权值和阈值的可调性是神经网络学习特性的基本内涵之一。

（3）求和单元。求和单元完成对输入信号的加权求和，即

$$n = \sum_{i=1}^{N} x_i w_{1i} + b$$

这是神经元对输入信号处理的第一个过程。在 MATLAB 语言中，该过程可以通过输入矢量与权值矢量的点积形式加以描述，即

$$n = w * p + b$$

（4）传递函数。在图 3-2 中，f 表示神经元的传递函数或激发函数，它用于对求和单元的计算结果进行函数运算，得到神经元的输出，这是神经元对输入信号处理的第二个过程。表 3-2 给出了几种典型的神经元传递函数形式及描述。

表 3-2　几种典型的神经元传递函数形式

传递函数名称	函数表达式	MATLAB 函数
阈值函数	$f(x) = \begin{cases} 1, & x \geq 0 \\ 0, & x < 0 \end{cases}$	hardlim
线性函数	$f(x) = kx$	purelin
对数 Sigmoid 函数	$f(x) = 1/(1 + e^{-x})$	logsig
正切 Sigmoid 函数	$f(x) = \tanh(x)$	tansig

（5）输出

输入信号经神经元加权求和及传递函数作用后，得到最终的输出为

$$a = f(wp + b)$$

若取传递函数为 hardlim 函数，则神经元输出可用 MATLAB 语句表示为

$$a = \text{hardlim}(w * p + b)$$

3.3.2　BP 神经网络

BP 神经网络通常是指基于误差反向传播算法（BP 算法）的多层前向神经网络，它是 D. E. Rumelhart 和 J. L. McCellend 及其研究小组在 1986 年研究并设计出来的。BP 算法已成为目前应用最为广泛的神经网络学习算法，据统计有近 90% 的神经网络应用是基于 BP 算法的。与感知器和线性神经网络不同的是，BP 网络的神经元采用的传递函数通常是 Sigmoid 型可微函数，所以可以实现输入与输出间的任意非线性映射，这使得它在诸如函数逼近、模式识别、数据压缩等领域有着更加广泛的应用。

与其他神经元模型不同的是，BP 神经元模型中的传递函数 f 通常取可微的单调递增函数，如对数 Sigmoid 函数 logsig、正切 Sigmoid 函数 tansig 和线性函数 purelin 等。

BP 网络最后一层神经元的特性决定了整个神经网络的输出特性。当最后一层神经元采用 Sigmoid 型函数时，那么整个网络的输出就被限制在一个较小的范围内；如果最后一层神经元采用 purelin 型函数，则整个网络输出可以取任意值。

采用 newff 函数可以用来生成 BP 网络。newff 函数的常用格式为

net = newff(PR, [S1, S2, …, SN], {TF1, TF2, …, TFN}, BTF)

其中 PR 为 $R \times 2$ 维矩阵，表示 R 维输入矢量中每维输入的最大值与最小值之间的范围；

若神经网络具有 N 层，则 [S1，S2，…，SN] 中的各元素分别表示各层神经元的数目；{TF1，TF2，…，TFN} 中各元素分别表示各层神经元采用的传递函数；BTF 表示神经网络训练时使用的训练函数。例如，下面的代码表示生成一个两层 BP 神经网络，其中，输入维数为 2，各维输入的取值范围分别是 [0，10] 和 [-1，2]；输入层和输出层神经元的个数分别为 5 和 1，各层神经元的传递函数分别取 tansig 和 purelin 函数，BP 网络的训练函数取 trainlm：

$$net = newff([0，10；-1，2]，[5，1]，\{'tansig'，'purelin'\}，'trainlm')$$

net 为生成的 BP 网络对象。newff 在生成 BP 网络的同时即对网络各层的权值和阈值自动进行了初始化，根据不同的需求，用户可以对各层网络权值和阈值的初始化函数重新定义，并使用 init 函数重新对网络进行初始化。

BP 神经网络的学习规则，即权值和阈值的调节规则采用的是误差反向传播算法。该算法实际上是 Widrow-Hoff 算法在多层前向神经网络中的推广。网络的权值和阈值通常是沿着网络误差变化的负梯度方向进行调节的，最终是网络误差达到极小值或最小值，即在这一点误差梯度为零。限于梯度下降法的固有缺陷，标准的 BP 学习算法通常具有收敛速度慢、易陷入局部极小值等缺点，因此出现了许多改进算法。

快速 BP 算法从改进途径上可以分为两类：一类是采用启发式学习方法，如引入动量因子的学习算法（traingdm 函数）、变学习速率学习算法（traingda 函数）和"弹性"学习算法（trainrp 函数）等；另一类则是采用更有效的数值优化方法，如共轭梯度学习算法（包括 traincgf、traincgp、traincgb、trainscg 等函数）、Quasi-Newton 算法（包括 trainbfg、trainoss 等函数）以及 Levenberg-Marquardt 优化方法（trainlm 函数）等。表 3-3 对几种典型的快速学习算法进行了比较，以作为选择学习算法的参考。

表 3-3　几种典型的快速学习算法性能的比较

学习算法	适用问题类型	收敛性能	占用储存空间	其他特点
trainlm	函数拟合	收敛快，收敛误差小	大	性能随网络规模增大而变差
trainrp	模式分类	收敛最快	较大	性能随网络训练误差减小而变差
trainscg	函数拟合、模式分类	收敛较快，性能稳定	中等	尤其适用于网络规模较大的情况
trainbfg	函数拟合	收敛较快	较大	计算量随网络规模的增大呈几何增长
traingdx	模式分类	收敛较慢	较小	适用于"提前停止"方法，可提高网络的推广能力

BP 神经网络克服了感知器网络和线性神经网络的局限性，可以实现任意线性或非线性的函数映射。然而，由于 BP 神经网络是基于梯度下降的误差反向传播算法进行学习的，所以其网络训练速度通常很慢，而且很容易陷入局部极小点，尽管采用一些改进的快速学习算法可以较好地解决某些实际问题，但是在设计过程中往往都要经过反复的试凑和训练过程，无法严格保证每次训练时 BP 算法的收敛性和全局最优性。此外，BP 网络隐层神经元的作用机理及其个数选择已成为 BP 网络研究中的一个难点问题。

3.3.3　径向基函数网络

径向基函数（RBF）网络是以函数逼近理论为基础而构造的一类前向网络，这类网络的学习等价于在多维空间中寻找训练数据的最佳拟合平面。径向基函数网络的每个隐层神经元传递函数都构成了拟合平面的一个基函数，网络也由此而得名。径向基函数网络是一种局部逼近网络，即对于输入空间的某一个局部区域只存在少数的神经元用于决定网络的输出。我们熟悉的 BP 网络则是典型的全局逼近网络，即对每一个输入/输出数据对，网络所有参数均要调整。由于二者的构造本质不同，径向基函数网络与 BP 网络相比规模通常较大，但学习速度较快，并且网络的函数逼近能力、模式识别与分类能力都优于后者。

MATLAB 神经网络工具箱提供了径向基函数网络以及它的两种重要变型——广义回归网络和概率神经网络，其中，广义回归网络适用于解决函数逼近问题，概率神经网络多用来解决分类问题。工具箱函数 newrbe 和 newrb 可用于设计径向基函数网络，函数 newgrnn 和 newpnn 分别用于广义回归网络和概率神经网络的设计。

一个具有 R 维输入的径向基函数神经元模型中采用高斯函数 radbas 作为径向基神经元的传递函数，其输入 n 为输入矢量 p 和权值矢量 w 的距离乘以阈值 b。

高斯函数 radbas 是典型的径向基函数，其表达式为

$$f(x) = e^{-x}$$

一个典型的径向基函数网络包括两层，即隐层和输出层。函数 newrbe 可以用来精确设计径向基函数网络，所谓精确，是指该函数生成的网络对于训练样本数据达到了零误差。函数 newrbe 的调用形式为

$$net = newrbe(P, T, SPREAD)$$

其中，P、T 分别为输入样本矢量集和输出目标矢量集构成的矩阵；SPREAD 是扩展数，其默认值为 1；函数返回值 net 为生成的网络对象，net 中的权值和阈值使得神经网络在输入为 P 时可以精确输出 T。

函数 newrbe 在建立网络时生成的隐层神经元个数与矩阵 P 中的输入矢量个数相同，隐层神经元阈值取为 0.8632/SPREAD，一般 SPREAD 的选取要足够大，以保证径向基神经元的响应在输入空间能够交迭。当输入矢量个数过多时，利用 newrbe 生成的网络会过于庞大，从而使网络实用性变差，因此在实际应用中使用更为广泛的径向基函数网络设计函数是 newrb 函数。

函数 newrb 利用迭代方法设计径向基函数网络，该方法每迭代一次就增加一个神经元，直到平方和误差下降到目标误差以下或隐层神经元个数达到最大值时迭代停止。函数 newrb 的调用形式为

$$net = newrb(P, T, GOAL, SPREAD, MN, DF)$$

其中，GOAL 表示目标误差，MN 表示最大神经元个数，DF 表示迭代过程的显示频率。

广义回归网络（GRNN）的结构与径向基函数网络类似。常用于解决函数逼近问题，当隐层神经元足够多时，该网络能够以任意精度逼近一个平滑函数，其缺点在于当输入样本数目很多时，网络十分庞大，计算复杂，因此不适用于训练样本数目过多的情况。

广义回归网络可利用函数 newgrnn 进行设计，其调用格式为

$$net = newgrnn(P, T, SPREAD)$$

其中，P、T 分别为输入样本矢量集和目标输出矢量集构成的矩阵；SPREAD 是扩展常数，其默认值为 1；net 为函数生成的广义回归网络对象。

概率神经网络是径向基网络的另一种重要形式，它常用来解决分类问题。当训练样本数据足够多时，概率神经网络收敛于一个贝叶斯分类器，而且推广性良好。其缺点与广义回归

网络相同，即当输入样本数目过多时，计算将变得复杂，因此运算速度比较缓慢。

概率神经网络的设计函数为 newpnn，其调用形式为

$$net = newpnn(P, T, SPREAD)$$

其中，目标矢量矩阵 **T** 的每行元素中只含有一个 1，其余均为 0，1 的位置标号表示与该行对应的样本矢量的类别。扩展常数 SPREAD 的默认值为 0.1，当 SPREAD 趋近于 0 时，网络趋近于近邻分类器；当 SPREAD 趋近于 ∞ 时，网络趋近于线性分类器。

3.3.4 反馈网络

前面几节介绍的网络都属于前向网络，这一节将介绍神经网络的另一个重要类型——反馈网络。在反馈网络中，信息在前向传递的同时还要进行反向传递，这种信息的反馈可以发生在不同网络层神经元之间，也可以只限于某一层神经元上。由于反馈网络是动态网络，因此只有满足了稳定性条件，网络才能在工作一段时间后达到稳定状态。

MATLAB 神经网络工具箱中提供的反馈网络包括 Elman 网络和 Hopfield 网络，它们可分别用函数 newelm 和 newhop 建立，其中 Elman 网络主要用于信号检测和预测等方面，Hopfield 网络主要用于联想记忆、聚类和优化计算等方面。

Elman 网络由若干个隐层和输出层构成，并且在隐层存在反馈环节，隐层神经元采用 tansig 函数作为传递函数，输出层传递函数为纯线性函数 purelin，这两层神经元的传递函数可以在建立网络时由用户自己指定。当隐层神经元足够多时，Elman 网络的这种结构可以保证网络以任意精度逼近任意的非线性函数。

Elman 网络可以由工具箱函数 newelm 建立，该函数的调用形式为

net = newelm(PR, [S1, S2, ⋯, SN], {TF1, TF2, ⋯, TFN}, BTF, BLF, PF)

其中，PR 为 R 维输入矢量中每维输入可取的最小值和最大值所构成的 R×2 维矩阵；S1 到 SN 分别表示各层神经元的个数；TF1 到 TFN 为各层神经元的传递函数；BTF 为网络的训练函数，默认值为 traingdx；BLF 是学习规则函数，默认值为 learngdm；PF 是网络性能指标函数，默认值为 mse。

Elman 网络的初始化函数在网络生成时设定为 initnw，即 Nguyen-Widrow 初始化规则。网络在训练时采用基于误差反向传播算法的学习函数，如 trainlm、trainbfg、trainrp、traingd 等。

Hopfield 网络主要用于联想记忆和优化计算等问题。联想记忆是指当网络输入某个矢量后，网络经过反馈演化，从网络输出端得到另一个矢量，这样输出矢量称作网络从初始输入矢量联想得到的一个稳定记忆，即网络的一个平衡点。优化计算是指当某一问题存在多种解法时，可以设计一个目标函数，然后寻求满足这一目标函数的最优解法。例如，在很多情况下可以把能量函数作为目标函数，得到的最优解法需要使能量函数达到极小点即能量函数的稳定平衡点。总之，Hopfield 网络的设计思想就是在初始输入下，使网络经过反馈计算最后达到稳定状态，这时的输出即是用户需要的平衡点。

Hopfield 网络神经元传递函数为对称饱和线性函数 satlins。网络的输入作为初始值首先输入到各神经元，经过反馈计算，网络最终稳定在某一状态，并输出这一稳定值。

newhop 函数可用来设计 Hopfield 网络，该函数的调用方式为

$$net = newhop(T)$$

其中，T 为目标矢量，也就是用户希望网络所能达到的平衡点。需要注意的是，newhop 函

数可能会导致虚假平衡点的出现。

3.4　MATLAB 在复变函数中的应用

复变函数和实变函数有很深的联系，很多复变函数的定理和运算规则都是对实变函数理论的推广，明白了这一点对于学习复变函数有很大的帮助。复变函数又有它自身的特点，某些运算规则来源于对实变函数运算规则的推广，但又有明显不同于实变函数的特征。本章讲述的是 MMLTAB 在复变函数中的应用。正是因为复变函数和实变函数有如此深的联系，所以大多数处理复变函数的 MATLAB 命令和处理实变函数的命令是同一个命令。

3.4.1　复矩阵的生成

复数可以由 $z = a + b*i$ 语句生成，也可以简写为 $z = a + bi$。创建复矩阵有两种方法。

（1）同一般的矩阵一样以前面的几种方式输入矩阵。例如：
$$A = [3 + 5*i, \ -2 + 3*i, \ 9*\exp(i*6), \ 23*\exp(33*i)]$$

（2）可将实矩阵和虚矩阵分开创建，再写成和的形式。例如：

```
re=rand (3, 2)
im=rand (3, 2)
com=re+i * im
```

结果为：

```
com =
  0.8147 + 0.2785i   0.9134 + 0.9649i
  0.9058 + 0.5469i   0.6324 + 0.1576i
  0.1270 + 0.9575i   0.0975 + 0.9706i
```

3.4.2　复数的运算

1. 复数的实部与虚部

real(X)：返回复数 X 的实部。

imag(X)：返回复数 X 的虚部。

2. 共轭复数

conj(X)：返回复数 X 的共轭复数。

3. 复数的模和辐角

abs(X)：返回复数 X 的模。

angle(X)：返回复数 X 的辐角。

【例 3-12】　求下列复数的实部与虚部、共轭复数、模和辐角。

```
a= [1/(3+2i), 1/i-3i/(-i), (3+4i) * (2-5i) /2i, i^9-4 * i^21+i]
R=real (a)
M=imag (a)
Con=conj (a)
Abs=abs (a)
Ang=angle (a)
```

输出结果为：

```
a =
   0.2308 - 0.1538i   3.0000 - 1.0000i   -3.5000 -13.0000i   0.0000 - 2.0000i
R =
   0.2308    3.0000    -3.5000          0
M =
  -0.1538   -1.0000   -13.0000    -2.0000
Con =
   0.2308 + 0.1538i   3.0000 + 1.0000i   -3.5000 +13.0000i   0.0000 + 2.0000i
Abs =
   0.2774    3.1623    13.4629    2.0000
Ang =
  -0.5880   -0.3218    -1.8338    -1.5708
```

如例 3-12 所示，复数的乘除法用"∗"和"∕"来实现，复数的平方根用函数 sqrt(X)来实现，复数的幂运算用 X^n 实现。

【例 3-13】 求方程 $x^3 + 8 = 0$ 的所有根。

```
roots = solve ('x^3+8=0')
```

输出结果：

```
roots =
                -2
1 - 3^(1/2) *1i
1 + 3^(1/2) *1i
```

3.4.3 复变函数的极限、导数和积分

求复变函数的极限仍然使用命令 limit ( )，只是复变函数的极限存在条件比实数更严苛。复变函数极限存在要求复变函数的实部和虚部同时存在极限。命令格式如下：

```
limit (F, x, a)
```

【例 3-14】 z 为复数，有复变函数 $f(z) = z/(1+z)$，求极限 $\lim\limits_{z \to 1+5i} f(z)$。

```
syms z
f=z/(1+z);
limit (f, z, 1+5*i)
```

输出结果：

```
ans =
27/29 + 5i/29
```

计算复变函数导数的命令仍然是 diff ( )，具体格式为：

```
diff (function, 'variable', b)
```

【例 3-15】 求 $\ln(1+\sin z)$ 在 $z=i/2$ 处的导数，$\sqrt{(z-1)\,(z-2)}$ 在 $z=3+i/2$ 处的导数。

```
syms z
f1=log (1+sin (z) );
f2=sqrt ( (z-1) * (z-2) );
df1=diff (f1, z)
df2=diff (f2, z)
vdf1=subs (df1, z, i/2)
vdf2=subs (df2, z, 3+i/2)
```

输出结果：

```
df1 =
cos (z) /(sin (z) + 1)
df2 =
(2 * z - 3) /(2 * ( (z - 1) * (z - 2) ) ^(1/2) )
vdf1 =
cosh (1/2) /(1 + sinh (1/2) *1i)
vdf2 =
(3/2 + 1i/2) /(7/4 + 3i/2) ^(1/2)
```

复变函数的定积分在形式上和实数的积分没有什么不同，只是积分限由原来的仅仅是实数变成了可以是复数的情况了。具体格式为：

```
int (function, variable, a, b)
```

function 为被积函数的复变函数表达式，variable 为积分变量，a 和 b 为积分上下限。

【例 3-16】　计算定积分 $\int_0^i z\cos z\,\mathrm{d}z$，$\int_0^i \dfrac{\ln(z+1)}{z+1}\,\mathrm{d}z$。

```
syms z
f1 = z * cos (z);
f2 = log (z+1) /(z+1);
inf1 = int (f1, z, 0, i)
inf2 = int (f2, z, 0, 1)
```

计算结果为：

```
inf1 =
exp (-1) - 1
inf2 =
log (2) ^2/2
```

3.4.4　复变函数的泰勒展开

泰勒级数展开在复变函数中有很重要的地位，比如复变函数的解析性等，函数 $f(x)$ 在 $x = x_0$ 点的泰勒级数展开为：

$$f(x) = x_0 + f(x_0)(x - x_0) + \frac{f'(x_0)(x - x_0)}{2!} + \frac{f''(x_0)(x - x_0)}{3!} + \cdots$$

在 MATLAB 中可由函数 taylor 来实现，具体形式如下：

taylor(f)：返回 f 函数的 5 次幂多项式。

taylor(f, n)：返回 $n-1$ 次幂多项式。

taylor(f, a)：返回 a 点附近的幂多项式近似。

这里的泰勒展开式运算实质上是符号运算，因此在 MATLAB 中执行此命令前应先定义符号变量 syms x，z，…，否则 MATLAB 将给出出错信息。

【例 3-17】　将函数 $f = \dfrac{1}{(1+z)^2}$ 展开为复数变量 z 的幂级数。

```
syms z
f = 1/(1+z) ^2;
F = taylor (f)
```

输出结果为：

```
F =
- 6 * z^5 + 5 * z^4 - 4 * z^3 + 3 * z^2 - 2 * z + 1
```

3.4.5　复变函数的图像

【例 3-18】　分别绘制出下面复数的图形：$z = \cos t + i\sin t$ 和 $z = e^{it} + e^{-it}$，t 为实数。

```
syms x y z t s
t = 0: 0.01 * pi: pi;
x = cos (t);
y = sin (t);
z1 = x + i. * y
plot (z1)
title ('z1 = cos (t) + isin (t) ');
z2 = exp (i. * s) + exp (-i. * s);
plot (z2);
title ('z2 = exp (i. * s) + exp (-i. * s) ');
```

结果如图 3-3、图 3-4 所示。

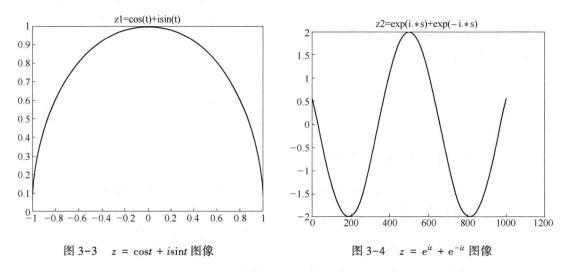

图 3-3　$z = \cos t + i\sin t$ 图像　　　　图 3-4　$z = e^{it} + e^{-it}$ 图像

本 章 小 结

本章主要讲解了 MATLAB 在线性代数、概率统计、神经网络和复变函数中的应用，重点讲述了不同类型函数的分类和使用，需要识记的内容很多，要熟练地掌握不同类型函数的使用。

第4章 MATLAB 在机械工程中的应用

【本章导读】

本章主要讲解 MATLAB 在机械工程中的应用，结合实例讲解其在处理专业问题时的使用方法。主要从在材料力学中的应用、螺栓的校核、轴的校核、齿轮的校核这四个方面展开，通过实例来讲解使用的方法。本章内容整体有一定难度，需要一定的机械工程专业的计算基础，但内容是很重要的，因为软件学习重在应用。

【本章要点】

（1）掌握 MATLAB 在材料力学中的应用；

（2）理解 MATLAB 在螺栓校核中的应用；

（3）了解 MATLAB 在轴的校核和齿轮校核中的应用。

4.1 MATLAB 在材料力学中的应用

【例 4-1】 以拉压杆系的不静定问题为例。有 n 根杆组成的桁架结构如图 4-1 所示，受力 P 的作用，各杆截面面积分别为 A_i，材料弹性模量为 E，各杆的轴力 N_i 及节点 A 的位移如图 4-1 所示。

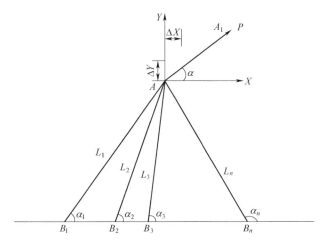

图 4-1 任意静不定杆系受力图

解：

（1）建模。现列出具有普遍意义的方程，设各杆均受拉力，A 点因各杆变形而引起的 x 方向位移为 Δx，y 方向位移为 Δy，由几何关系得变形方程为

$$\Delta L_i = \frac{N_i L_i}{EA_i} = \Delta X \cos\alpha_i + \Delta Y \sin\alpha_i$$

即

$$\frac{N_i}{K_i} - \Delta X\cos\alpha_i - \Delta Y\sin\alpha_i = 0\,(i = 1,\ 2,\ \cdots,\ n)$$

其中，$K_i = \dfrac{EA_i}{L_i}$ 为杆 i 的刚度系数。

再加上两个力平衡方程

$$\begin{cases} \sum X = 0, & \sum_{i=1}^{n} N_i\cos\alpha_i = P\cos\alpha \\ \sum Y = 0, & \sum_{i=1}^{n} N_i\sin\alpha_i = P\sin\alpha \end{cases}$$

共有 $n+2$ 个方程，其中包含 n 个未知力和两个待求位移 ΔX 和 ΔY，方程组可解。因为这又是一个线性方程组，可写成 $\boldsymbol{DX} = \boldsymbol{B}$ 的标准形式，所以可由 MATLAB 的矩阵除法 $\boldsymbol{X} = \boldsymbol{D}/\boldsymbol{B}$ 解出。

算例：设三根杆组成的桁架如图 4-2 所示，挂一重物 $P = 3000\mathrm{N}$，设 $L = 2\mathrm{m}$，各杆的截面面积分别为 $A_1 = 200\times10^{-6}\mathrm{m}^2$，$A_2 = 300\times10^{-6}\mathrm{m}^2$，$A_3 = 400\times10^{-6}\mathrm{m}^2$，材料的弹性模量 $E = 200\times10^{9}\mathrm{N/m}^2$，求各杆的受力大小。

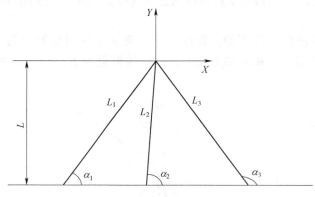

图 4-2 静不定三杆受力图

此时应有 5 个方程，如下：

力平衡：

$$\begin{cases} -N_1\cos\alpha_1 - N_2 - N_3\cos\alpha_3 = 0 \\ N_1\sin\alpha_1 - N_3\sin\alpha_3 = 0 \end{cases}$$

位移协调：

$$\begin{cases} N_1/K_1 = \Delta X\cos\alpha_3 - \Delta Y\sin\alpha_3 \\ N_2/K_2 = \Delta Y \\ N_3/K_3 = \Delta X\cos\alpha_3 - \Delta Y\sin\alpha_3 \end{cases}$$

设 $\boldsymbol{X} = [N_1;\ N_2;\ N_3;\ \Delta X;\ \Delta Y]$，把上述 5 个线性方程组列成 $\boldsymbol{DX} = \boldsymbol{B}$ 的矩阵形式。

（2）MATLAB 程序。

```
P=3000; E=200e9; L=2
A1=200e-6; A2=300e-6; A3=400e-6;
a=pi/3; a2=pi/2; a3=3*pi/4;
```

```
L1=L/sin (a1); L2=L/sin (a2); L3=L/sin (a3);          % 计算杆长
K1=E*A1/L1; K2=E*A2/L2; K3=E*A3/L3;                   % 计算刚度系数
% 为避免语句太长，给系数矩阵按行赋值
D (1,:) = [cos (a1), cos (a2), cos (a3), 0, 0];
D (2,:) = [sin (a1), sin (a2), sin (a3), 0, 0];
D (3,:) = [1/K1, 0, 0, -cos (a1), -sin (a1)];
D (4,:) = [0, 1/K2, 0, -cos (a2), -sin (a2)];
D (5,:) = [0, 0, 1/K3, -cos (a3), -sin (a3)];
B= [P; 0; 0; 0; 0];
format long, X=D\B                                    % 求解线性方程组，用长格式展示
```

（3）程序执行结果。执行此程序，用 format long 显示结果为：

```
X =
  1.0e+03 *   1.763406070655907
              0.591142510296336
             -2.995724296572970
              0.000000169490965
              0.000000019704750
```

即

$$X = \begin{bmatrix} N_1 \\ N_2 \\ N_3 \\ \Delta x \\ \Delta y \end{bmatrix} = \begin{bmatrix} 1.763406070655907 \\ 0.591142510296336 \\ -2.995724296572970 \\ 0.000000169490965 \\ 0.000000019704750 \end{bmatrix}$$

若用普通格式显示，将得出 $\Delta Y = 0.0000$，实际上 ΔY 不是 0，这可以从 N_2 不为 0 得出。在程序中用一个矩阵显示数值相差很大的元素时，就得采用 format long，以免丢失小的量。也可以要求系统单独显示此元素的值，例如输入 X（5），系统将给出 ans = 1.970475034321115e-05。读者还可以改变几根杆的刚性系数，看它们如何影响各杆受力的分布。

【例 4-2】　长为 L 的悬臂梁如图 4-3 所示，左端固定，在离固定端 L_1 处施加力 P，求它的转角和挠度。已知梁的弹性模量 $E = 200 \times 10^9 \mathrm{N/m^2}$ 和截面惯性矩 $I = 2 \times 10^{-5} \mathrm{m^4}$。

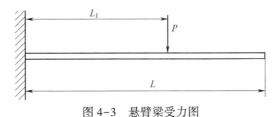

图 4-3　悬臂梁受力图

解：

（1）建模。材料力学中从弯矩求转角要经过一次积分，从而转角求挠度又要经历一次积分，这不仅很麻烦而且容易出错。在 MATLAB 中，可用 cumsum 函数或更精确的 cumtrapz 函数作近似的不定积分，只要 x 取得足够密，其结果是相当精确，且程序非常简单。本题采用 cumsum 函数，解题的关键还在于正确地列写弯矩方程，请读者注意程序中的这部分。

本题的弯矩方程为

$$M = \begin{cases} -P(L_1 - x), & 0 \leqslant x \leqslant L_1 \\ 0, & L_1 \leqslant x \leqslant L \end{cases}$$

转角 $$A = \int_0^x \frac{M}{EJ} dx$$

挠度 $$Y = \int_0^x A \, dx$$

（2）MATLAB 程序。

```
L=2; p=2000; L1=1.5;                % 给出已知常数
E=200e9; I=2e-5;
x=linspace (0, L, 101); dx=L/100;   % 将 x 分成 100 段，步长为 L/100
n1=L1/dx+1;                         % 确定 x=L1 处对应的下标
M1=-P* (L1-x (1: n1));              % 第一段弯矩赋值
M2=zeros (1, 101-n1);              % 第二段弯矩赋值（全为零）
M=[M1, M2];                         % 全梁的弯矩
A=cumsum (M) *dx/(E*I);            % 对弯矩积分求转角
Y=cumsum (A) *dx;                  % 对转角积分求挠度
subplot (3, 1, 1), plot (x, M), grid  % 绘弯矩图
subplot (3, 1, 2), plot (x, A), grid  % 绘转角图
subplot (3, 1, 3), plot (x, Y), grid  % 绘挠曲线图
```

（3）程序运行结果。运行程序所得的结果如图 4-4 所示。注意几根曲线之间的积分关系。本题之所以简单，是因为在 $x=0$ 处转角和挠度都为零，因此两次积分的积分数恰好都是零。如果它们不为零，程序中就得有确定积分常数的语句，可在例 4-3 中看到。

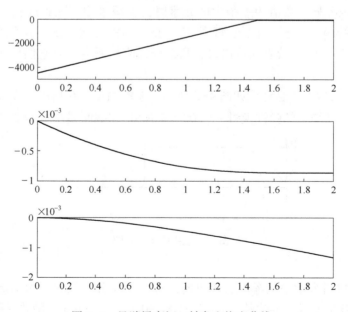

图 4-4　悬臂梁弯矩、转角和挠度曲线

【例 4-3】　简支梁左半部分受均匀分布载荷 q 作用，右边 $L/4$ 处受集中力偶 M_0 作用

（见图 4-5），求其弯矩、转角和挠度。设 $L = 2\text{m}$，$q = 1000\text{N/m}$，$M_0 = 900\text{N} \cdot \text{m}$，$E = 200 \times 10^9$ N/m^2，$I = 2 \times 10^{-6}\text{m}^4$。

解：

（1）建模。此题的解法和例 4-2 基本相同，主要差别是要处理积分常数的问题。

支撑反力 N_a 和 N_b 可由平衡方程求得，设 $Q = \dfrac{qL}{2}$，则

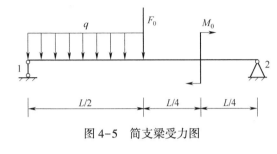

图 4-5　简支梁受力图

$$N_a = \left(Q \cdot \frac{3}{4}L + M \right) \bigg/ L$$

各段弯矩方程为：

$$M_1 = N_a x - \frac{Q}{0.5L} \cdot \frac{x^2}{2} = N_a - \frac{Q}{L}x^2 \qquad \left(0 \leqslant x \leqslant \frac{L}{2} \right)$$

$$M_2 = N_b(L - x) + M_0 \qquad \left(\frac{L}{2} \leqslant x \leqslant \frac{3}{4}L \right)$$

$$M_3 = N_b(L - x) \qquad \left(\frac{3}{4}L \leqslant x \leqslant L \right)$$

对 M/EI 作积分，得转角 A，再作一次积分，得挠度 Y，每次积分都要出现一个待定积分常数

$$A = \int_0^x \frac{M}{EI}\mathrm{d}x + C_a = A_0(x) + C_a$$

此处设 $A_0(x) = \text{cumtrapz}(M) * \mathrm{d}x/\text{EI}$。

$$Y = \int_0^x A\mathrm{d}x + C_y = \int_0^x A_0(x)\mathrm{d}x + C_a x + C_y = Y_0(x) + C_a x + C_y$$

此处设 $Y_0(x) = \text{cumtrapz}(A0) * \mathrm{d}x$。

两个待定积分系数 C_a 和 C_y 可由边界条件 $Y(0) = 0$ 及 $Y(L) = 0$ 确定：

$$Y(0) = Y_0(0) + C_y = 0$$

$$Y(L) = Y_0(L) + C_a \cdot L + C_y = 0$$

于是可得

$$\begin{bmatrix} 0 & 1 \\ L & 1 \end{bmatrix} \cdot \begin{bmatrix} C_a \\ C_y \end{bmatrix} = \begin{bmatrix} -Y_0(0) \\ -Y_0(L) \end{bmatrix}$$

即

$$\begin{bmatrix} C_a \\ C_y \end{bmatrix} = \begin{bmatrix} -Y_0(0) \\ -Y_0(L) \end{bmatrix} \bigg/ \begin{bmatrix} 0 & 1 \\ L & 1 \end{bmatrix}$$

（2）MATLAB 程序。

```
% 输入已知参数 L, q, M0, E, I 后，先求两铰链的支撑反力 Na 和 Nb
L=2; q=1000; M0=900; E=200e9; I=2e-6;
Na= (3*q*L^2/8-M0) /L; Nb= (q*L^2/8+M0) /L;      % 求支撑反力
x=linspace (0, L, 101); dx=L/10;                 % 将 x 分成 100 段
```

```
M1=Na*x (1: 51) -q*x (1: 51) .^2/2;          % 分三段用数组列出 M 的表达式
M2=Nb* (L-x (52: 76) ) -M0;
M3=Nb* (L-x (77: 101) ); M= [M1, M2, M3];     % 列出完整的 M 数组
A0=cumtrapz (M) *dx/ (E*I);                   % 由 M 积分求转角（未计积分常数）
Y0=cumtrapz (A0) *dx;                         % 由转角积分求挠度
C= [0, 1; L, 1] \ [-Y0 (1); -Y0 (101) ];      % 由边界条件求积分常数 Ca, Cy
Ca=C (1), Cy=C (2)
A=A0+Ca; Y=Y0+Ca*x+Cy;                        % 求出转角与挠度的完整值
subplot (3, 1, 1), plot (x, M), grid          % 绘弯矩图
subplot (3, 1, 2), plot (x, A), grid          % 绘转角图
subplot (3, 1, 3), plot (x, Y), grid          % 绘挠曲线图
```

（3）程序运行结果。执行本程序的结果如图 4-6 所示。

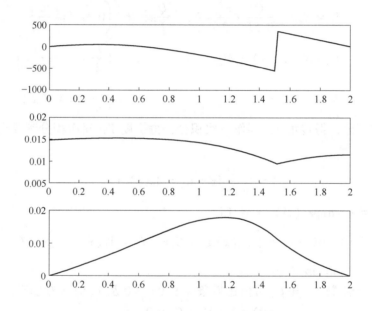

图 4-6   例 4-3 的弯矩、转角和挠度曲线

梯形积分累加函数 cumtrapz 与定积分函数 trap2z 的不同在于 cumtrapz 类似于不定积分，逐点给出积分的值，因而得出一个数列，而 trapz 只给出积分到终点的一个值。这些函数都假定步长为 1，因此累加的值必须乘以 dx 才与积分等价。

用 A=cumtrapz (M) 来求面积，长度 M 为 101，只能形成 100 个 A。而 cumsum 则是把 101 个点逐个相加，相当于多算了一个点。准确地说，可以推导出

$$\text{cumtrapz}(M) = \text{cumsum}(M) - M(1)/2 - M/2$$

实际上只要点取得足够多，直接用 cumsum (M) 代替 cumtrapz (M)，在工程上也是可以接受的。

【例 4-4】   拉弯合成部件的截面设计。这一设计计算将归结为解一个三次代数方程，过去要用试凑法反复运算，本例显示了用 MATLAB 求解的简洁。钻床立柱受力图如图 4-7 所示。设 P=15kN，许用拉应力 $[\sigma]$=35MPa，钻头轴与立柱轴距离为 0.4m，试求立柱直径。

解：

（1）建模。立柱收到拉力 P 和弯矩 Pl 作用，两者产生的拉应力之和为最大拉应力，令它小于 $[\sigma]$，即：

$$\sigma = \frac{P}{F} + \frac{Pl}{W} \leqslant [\sigma]$$

把 $F = \dfrac{\pi d^2}{4}$，$W = \dfrac{\pi d^3}{32}$ 代入上式后，得到求直径 d 的方程

$$\frac{[\sigma]\pi}{32}d^3 - \frac{P}{8}d - Pl \geqslant 0$$

这个三次代数方程可用 MATLAB 多项式求根的 roots 函数求解。

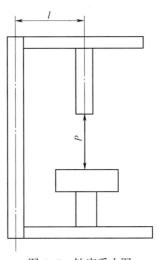

图 4-7　钻床受力图

（2）MATLAB 程序。

```
P=input ('P='), l=input ('1='),       % 输入力和偏心距
asigma=input (' [σ] ='),              % 输入许用拉应力
a= [asigma*pi/32, 0, -P/8, -P*1];      % 求三次代数方程的系数向量
r=roots (a);                           % 求代数方程的根
d=r (find (imag (r) ==0))              % 只取实根
```

（3）程序运行结果。运行此程序，按提示输入以下条件：

```
P=15000, 1=0.4, [σ] =35e6
```

得到的解为：

```
d=0.1219m
```

【例 4-5】　如图 4-8 所示为外伸梁受到均布载荷、集中力的作用，已知抗弯刚度 EI，试作出梁的剪力图、弯矩图、截面转角图、挠曲线图。

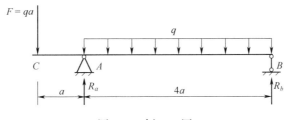

图 4-8　例 4-5 图

解：

求支座反力：

$$R_a = \frac{8qa^2 + 5Fa}{4a}$$

$$R_b = F + 4qa - R_a$$

对于 CA 段梁，其剪力和弯矩方程分别为：

$$Q_1 = -F,\ 0 \leqslant x \leqslant a$$

$$M_1 = -Fx,\ 0 \leqslant x \leqslant a$$

对于 AB 段梁，剪力和弯矩方程分别为：

$$Q_2 = -F + R_a - q(x - a), \quad a \leqslant x \leqslant 5a$$

$$M_2 = -Fx + R_a(x - a) + \frac{q(x - a)^2}{2}, \quad a \leqslant x \leqslant 5a$$

由挠曲线近似微分方程 $EIw = -M$ 积分可得梁的转角、挠度。

$$\theta = \int_0^x \frac{M}{EI} \mathrm{d}x + C_1 = \theta_0(x) + C_1$$

$$\omega = \int_0^x \theta \mathrm{d}x + C_2 = \int_0^x \theta_0(x)\,\mathrm{d}x + C_1 x + C_2 = \omega_0(x) + C_1 x + C_2$$

2 个待定的积分常数 C_1 和 C_2 可以由边界条件 $\omega(a) = \omega(5a) = 0$ 确定，即

$$\omega(a) = \omega_0(a) + C_1 \cdot a + C_2 = 0$$

$$\omega(5a) = \omega_0(5a) + C_1 \cdot 5a + C_2 = 0$$

编写 MATLAB 程序如下：

```
a=1;
q=1000;
E=200e9;
I=2e-6;
F=q*a;
Ra=13*q*a/4;
Rb=7*q*a/4;
x=linspace(0,5*a,101);
dx=(5*a)/100;
Q1=-F*ones(1,20);
M1=-F*x(1:20);
Q2=-F+Ra-q*(x(21:100)-a);
Q3=-F+Ra-q*4*a+Rb;
M2=-F*x(21:101)+Ra*(x(21:101)-a)-q*(x(21:101)-a).^2/2;
Q=[Q1,Q2,Q3];
M=[-M1,-M2];
A0=cumtrapz(M)*dx/(E*I);
W0=cumtrapz(A0)*dx;
C=[1,1;5,1]\[-W0(21),-W0(101)]';
A=A0+C(1);
W=W0+C(1)*x+C(2);
subplot(2,2,1),Qmax=max(abs(Q)),plot(x,Q),title('剪力图'),grid on;
subplot(2,2,2),Mmax=max(abs(M)),plot(x,M),title('弯矩图'),grid on;
subplot(2,2,3);plot(x,A),title('转角'),grid on;
subplot(2,2,4),Wmax=max(abs(W)),plot(x,W),title('挠曲线'),grid on;
```

运行程序：

```
Qmax =
    2250
```

```
Mmax =
   1.5313e+03
Wmax =
   0.0059
```

程序运行图如图 4-9 所示。

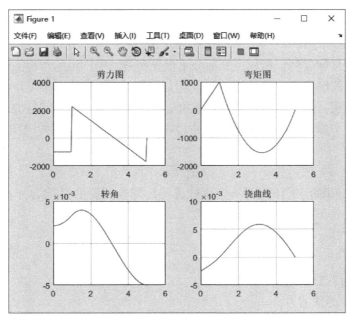

图 4-9　例 4-5 运行结果图

4.2　螺栓的校核

4.2.1　失效形式和计算准则

单个螺栓连接主要承受轴向载荷或横向载荷。对于受拉螺栓，其主要破坏形式为螺栓杆和螺纹可能发生塑性变形或断裂。因而其计算准则是保证螺栓的静力（或疲劳）拉伸强度；对于受剪螺栓，其主要破坏形式是螺栓杆与孔壁间压溃或螺栓杆被剪断，计算准则是保证连接的挤压强度和螺栓的剪切强度，其中连接的挤压强度对连接的可靠性起决定性作用。

4.2.2　受拉螺栓连接分析

受拉螺栓连接应用广泛，强度计算的目的是确定螺栓危险截面的直径——螺纹小径。

1. 松螺栓连接

装配时不需要把螺母拧紧，在承受工作载荷之前，螺栓并不受力，只有在工作时才受力。强度条件为

$$\sigma = \frac{4F}{\pi d_1^2}$$

2. 紧螺栓连接

装配时必须将螺母拧紧。根据所受的拉力不同，紧螺栓连接可以分为只受预紧力、受预紧力及工作载荷两大类。

（1）只受预紧力的紧螺栓连接。例如，受横向载荷作用的受拉普通螺栓连接就是只受预紧力的紧螺栓连接，靠拧紧的正压力（F_0）产生摩擦力来平衡外载荷。不产生相对滑移的条件为：

$$mfF' \geqslant K_f F_R$$

紧螺栓连接拧紧螺母时，螺栓螺纹部分不仅受预紧力所产生的拉应力作用，同时还受螺栓与螺母之间的螺纹摩擦力矩所产生的扭转应力的作用。根据第四强度理论及对大量螺栓拧紧的统计分析可证明，螺纹连接在同时受有拉应力和预拧紧产生的切应力时，其复合应力的计算只需将拉伸应力加大 30% 来考虑扭转的影响，然后就可按纯拉伸问题进行计算。即

$$\sigma = \frac{1.3F}{\pi d_1^2/4} \leqslant [\sigma]$$

（2）受预紧力和轴向工作载荷的紧螺栓连接。螺栓所受的总拉力并不等于预紧力与工作载荷之和，而是等于剩余预紧力与工作载荷之和，公式如下：

$$F_0 = F'' + F = F' + \frac{c_1}{c_1 + c_2}F$$

式中　　F_0——螺栓的总拉力；

　　　　F'——螺栓的预紧力；

　　　　F''——螺栓的残余预紧力；

　　　　F——螺栓工作载荷；

　　$\dfrac{c_1}{c_1 + c_2}$——螺栓的相对刚度。其大小与螺栓及被连接件的材料、尺寸、结构形状和垫片

　　　　等因素有关。

对残余预紧力的要求，为保证受载后接合面连接的紧密性，应使 $F'' \geqslant 0$。

①受轴向静载荷螺栓连接的强度计算，考虑到连接在工作载荷作用下可能要进行补充拧紧，故将总拉力增加 30% 以考虑拧紧时螺纹力矩产生的扭转应力的影响。即

$$\sigma = \frac{1.3F_0}{\pi d_1^2/4} \leqslant [\sigma]$$

②受轴向变载荷螺栓连接的强度计算。螺栓所受载荷在 $0 \sim F$ 之间变化，因而螺栓所受的总拉力在 $F \sim F_0$ 之间变化，影响变载下疲劳强度的主要因素是应力幅，因此可得到螺栓疲劳强度的校核公式。

4.2.3　受剪的铰制孔用螺栓

螺杆直接承受挤压和剪切来平衡外载荷 R 进行工作。螺栓杆和孔壁之间无间隙，其接触表面受挤压，在连接结合免除时，螺栓受剪切。因此，应分别按挤压和剪切强度条件进行计算。

螺栓的剪切强度条件：

$$\tau = \frac{4F}{\pi d_0^2} \leqslant [\tau]$$

螺栓与孔壁接触表面的挤压强度条件：

$$\sigma_P = \frac{F}{d_0 L_{\min}} \leqslant [\sigma]_P$$

考虑到零件的材料和受挤压高度有可能不同，应取 L 与 $[\sigma]_P$ 乘积小值为计算对象。

【例 4-6】　一钢制液压缸，内部油压为 $p = 1\text{MPa}$，液压缸内径 $D = 500\text{mm}$，液压缸与盖连接螺栓数目 $z = 12$，采用铜皮石棉垫片，剩余预紧力是螺栓工作载荷的 1.6 倍。螺栓材料选用 45 钢，试确定液压缸与盖连接螺栓的公称直径。

解： M 文件和运算结果如下。

```
clear all;
pm=1; D=500; z=12; Cy=1.6;
Fm=pi*D^2*pm/4;
fprintf ('液压缸最大压力 F1=%3.4fN \n', Fm);
F1=0; F2=Fm/z;
fprintf ('螺栓最小工作载荷 F1=%3.4fN \n', F1);
fprintf ('螺栓最大工作载荷 F2=%3.4fN \n', F2);
Qp=Cy*F2; Q=F2+Qp;
fprintf ('螺栓剩余预紧力 QP=%3.4fN \n', Qp);
fprintf ('螺栓总轴向载荷 Q=%3.4fN \n', Q);
sigma_s=input ('选择螺栓材料的屈服极限（MPa）singma_s=');
sigma_b=input ('选择螺栓材料的强度极限（MPa）singmb_s=');
S=input ('选择控制预紧力时的安全系数 S=');
sigma_p=sigma_s/S;
fprintf ('螺栓的许用应力 sigma_p=%3.4fMPa \n', sigma_p);
dj=sqrt (5.2*Q/(pi*sigma_p));
disp ('按照静载荷强度条件计算螺栓小径');
d=input ('选择螺栓公称直径（mm）d=');
d1=input ('对应螺栓小径（mm）d1=');
P=input ('对应螺栓距（mm）P=');
```

计算结果：

液压油缸最大压力　　Fm = 196349.5408 N
螺栓最小工作载荷　　F1 = 0.0000 N
螺栓最大工作载荷　　F2 = 16362.4617 N
螺栓剩余预紧力　　　Qp = 26179.9388 N
螺栓总轴向载荷　　　Q = 42542.4005 N
　　选择螺栓材料的屈服极限（MPa）sigma_s = 600
　　选择螺栓材料的强度极限（MPa）sigma_b = 400
　　选择控制预紧力时的安全系数 S = 2
螺栓的许用应力　　sigma_p = 300.0000 MPa
　　按照静载荷强度条件计算螺栓小径（mm）：
dj =

　　　15.3206
　　选择螺栓公称直径（mm）：　d = 18
　对应螺栓小径（mm）：d1 = 15.835
　对应螺栓螺距（mm）：P = 2

4.3　轴 的 校 核

　　轴的结构设计包括定出轴的合理外形和全部结构尺寸。

　　轴的结构主要取决于以下因素：轴在机器中的安装位置及形式；轴上安装的零件的类型、尺寸、数量以及和轴连接的方法；载荷的性质、大小、方法及分布情况；轴的加工工艺等。由于影响轴的结构的因素较多，且其结构形式又要随着具体情况的不同而异，所以轴没有标准的结构形式。设计时，必须针对不同情况进行具体的分析。但是，不论何种情况，轴的结构都应满足：轴与装在轴上的零件要有准确的工作位置；轴上的零件应便于装拆和调整；轴应具有良好的制造工艺性等。

　　进行轴的强度校核计算时，应根据轴的具体受载及应力情况采取相应的计算方法，并恰当地选取其许用应力。对于仅仅（或主要）承受扭转的轴（传动轴），应按扭转强度条件计算；对于只承受弯矩的轴（心轴），应按弯曲强度条件计算；对于既承受弯矩又承受扭转的轴（转轴），应按弯扭合成强度条件进行计算，需要时还应按疲劳强度条件进行精确校核。此外，对于瞬时过载很大或应力循环不对称性较为严重的轴，还应按峰值载荷校核其静强度，以避免产生过量的塑性变形。

　　（1）按扭转强度条件计算。这种方法是只按轴所受的扭矩来计算轴的强度；如果还受有不大的弯矩时，则用降低许用扭转切应力的办法予以考虑。在做轴的结构设计时，通常用这种方法初步估算轴径。对于不大重要的轴，也可作为最后计算结果。轴的扭转强度条件为

$$\tau_T = \frac{T}{W_T} \approx \frac{9550000\dfrac{P}{n}}{0.2d^3} \leqslant [\tau_T]$$

式中　　τ_T——扭转切应力（MPa）；

　　　　T——轴所受的扭矩（N·mm）；

　　　　W_T——轴的抗扭截面系数（mm³）；

　　　　n——轴的转速（r/min）；

　　　　P——轴传递的功率（kW）；

　　　　d——计算截面处轴的直径（mm）；

　　$[\tau_T]$——许用扭转切应力（MPa）。

　　（2）按弯扭合成强度条件计算。

　　（3）按疲劳强度条件进行精确计算。轴的计算通常是在初步完成结构设计后进行校核计算，计算准则是满足轴的强度或刚度要求，必要时还应校核轴的振动稳定性。

　　进行轴的强度校核计算时，应根据轴的具体受载及应力情况采取相应的计算方法，并恰当地选取其许用应力。对于仅仅（或主要）承受扭矩的轴（传动轴），应按扭转强度条件计算；对于只承受弯矩的轴（心轴），应按弯曲强度条件计算；对于既承受弯矩又承受扭矩

的轴（转轴），应按弯扭合成强度条件进行计算，需要时还应按疲劳强度条件进行精确校核。此外，对于瞬时过载很大或应力循环不对称性较为严重的轴，还应按峰值载荷校核其静强度，以免产生过量的塑性变形。我们选取按弯扭合成强度条件计算。

1. 估计轴的最小直径

在做轴的机构设计时，通常用按扭转强度条件计算的方法初步估算轴径。

$$d = \sqrt[3]{\frac{9550000P}{0.2[\tau_T]n}} = \sqrt[3]{\frac{9550000}{0.2[\tau_T]}}\sqrt[3]{\frac{P}{n}} = A_0\sqrt[3]{\frac{P}{n}}$$

式中

$$A_0 = \sqrt[3]{\frac{9550000}{0.2[\tau_T]}}$$

2. 轴上齿轮受力分析

斜齿圆柱齿轮受力，先将其在小齿轮分度圆处分解为圆周力 $F_{\tau 1}$、径向力 F_{r1} 和轴向力 F_{a1}，即

$$F_{\tau 1} = \frac{2T_1}{d_1} = -F_{r2}$$

$$F_{r1} = F_{\tau 1}\tan\alpha_t = \frac{F_{\tau 1}\tan\alpha_n}{\cos\beta} = -F_{r2}$$

$$F_{a1} = F_{\tau 1}\tan\beta = -F_{a2}$$

式中　β——螺旋角；

　　α_t——端面压力角；

　　α_n——法面压力角，$\tan\alpha_n = \tan\alpha_t\cos\beta$。

3. 做轴的弯矩扭矩图

在做计算简图时，应先求出轴上受力零件的载荷（若为空间力系，应把空间力系分解为圆周力、径向力和轴向力，然后把它们全部转化到轴上），并将其分解为水平分力和垂直分力，然后求出各支撑处的水平反力 F_{NH} 和垂直反力 F_{NV}（轴向反力可表示在适当的面上）。

（1）求出水平面支座反力 F_{AH} 和 F_{BH}，画出水平弯矩图。

（2）求出垂直支反力 F_{AV} 和 F_{BV}，画出垂直弯矩图。

（3）计算合成弯矩，画出合成弯矩图。

（4）计算轴的扭矩，画出扭矩图。

做出的轴的弯矩扭矩图如图 4-10 所示。

4. 计算危险截面的当量弯矩

由合成弯矩图和扭矩图得出内力最大处，计算出该处的当量弯矩（对一般的转轴可视为其扭矩为脉动循环特性，取扭矩校正系数 $\alpha = 0.6$）。

$$M_e = \sqrt{M^2 + (\alpha T)^2}$$

5. 按照弯扭组合强度计算危险截面处需要的轴径

```
% 4-轴的设计计算（弯扭组合）
T1 = 77.454; T2 = 257.698;                  % 两个齿轮传递的转矩
p2 = 3.092; n2 = 114.592;                   % 大齿轮传递功率和转速
d1 = 37.778; beta = 17.647; hd = pi/180;    % 小齿轮分度圆直径和螺旋角
d2 = 132.222; c = 112;                      % 大齿轮分度圆直径、45 钢材料系数
```

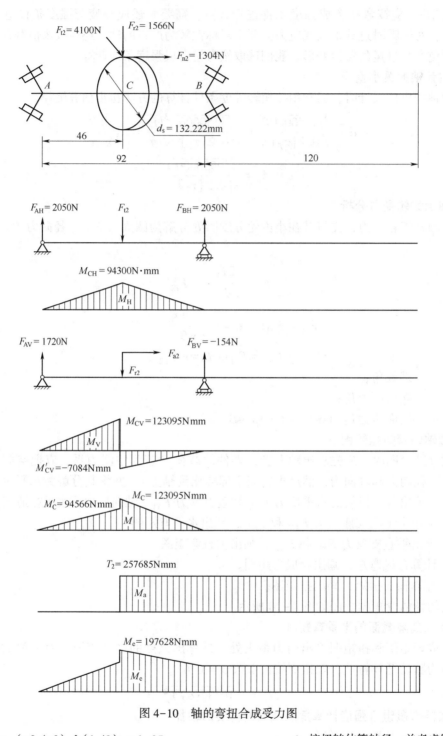

图 4-10　轴的弯扭合成受力图

```
d0 = c * (p2/n2) ^ (1/3) * 1.05;              % 按扭转估算轴径，并考虑键槽影响
d = round (d0/5) * 5;
alpha = 20;                                    % 齿轮分度圆压力角
Ft = round (2000 * T1/d1);                     % 齿轮传递的圆周力（N）
Fr = round (Ft * tan (alpha * hd) /cos (beta * hd));% 齿轮传递的径向力（N）
```

```
Fa = round (Ft * tan (beta * hd) );          % 齿轮传递的轴向力（N）
L1 = 46;                                      % 齿宽中心线到 A 轴承支座反力作用
                                             % 点的距离（mm）
L2 = 46;                                      % 齿宽中心线到 B 轴承支座反力作用
                                             % 点的距离（mm）
Fa_ h = round (Ft * L2 / (L1+L2) );          % A 支座 H 面反力（N）
Fb_ h = Ft-Fa_ h;                            % B 支座 H 面反力（N）
Mc_ h = Fa_ h * L1;                          % H 面弯矩（Nmm）
Fa_ v = round ( (Fr * L2-Fa * d2 / 2) / (L1+L2) );   % A 支座 V 面反力（N）
Fb_ v = Fr-Fa_ v;                            % B 支座 V 面反力（N）
Mc_ v1 = Fa_ v * L1;                         % V 面弯矩 1（Nmm）
Mc_ v2 = Fb_ v * L2;                         % V 面弯矩 2（Nmm）
Mc12 = Mc_ v2+abs (Mc_ v1);                  % V 面弯矩突变值（Nmm）
Mcm = round (Fa * d2 / 2);                   % 在截面 C 的集中力偶矩（Nmm）
Mc1 = round (sqrt (Mc_ h^2+Mc_ v1^2) );      % 合成弯矩 1（Nmm）
Mc2 = round (sqrt (Mc_ h^2+Mc_ v2^2) );      % 合成弯矩 2（Nmm）
if Mc1 >= Mc2                                 % 确定最大弯矩（Nmm）
    Mc = Mc1;
else
    Mc = Mc2;
end
T2 = round (9.55 * 1e6 * p2 / n2);           % 大齿轮传递转矩（Nmm）
Me = round (sqrt (Mc^2+ (0.6 * T2) ^2) );    % 当量弯矩（Nmm）
cp = 60;                                      % 对称循环许用弯曲应力（MPa）
de = (Me / 0.1 / cp) ^ (1 / 3) * 1.05;       % 按弯扭组合需要轴径，并考虑键槽
                                             % 影响
dc = 48;                                      % 危险截面 C 的实际直径（mm）
disp'          = = = = = = = = =      轴弯扭组合强度计算     = = = = = = = = =';
fprintf ('          轴的最小直径          d = % 3.3f mm \n', d);
fprintf ('          齿轮传递的圆周力       Ft = % 3.3f N \n', Ft);
fprintf ('          径向力               Fr = % 3.3f N \n', Fr);
fprintf ('          轴向力               Fa = % 3.3f N \n', Fa);
fprintf ('          H 面-A 支座反力       Fa_ h = % 3.3f N \n', Fa_ h);
fprintf ('          B 支座反力            Fb_ h = % 3.3f N \n', Fb_ h);
fprintf ('          弯矩                 Mc_ h = % 3.3f Nmm \n', Mc_ h);
fprintf ('          V 面-A 支座反力       Fa_ v = % 3.3f N \n', Fa_ v);
fprintf ('          B 支座反力            Fb_ v = % 3.3f N \n', Fb_ v);
fprintf ('          弯矩 1               Mc_ v1 = % 3.3f Nmm \n', Mc_ v1);
fprintf ('          弯矩 2               Mc_ v2 = % 3.3f Nmm \n', Mc_ v2);
fprintf ('          弯矩突变值            Mc12 = % 3.3f Nmm \n', Mc12);
fprintf ('          集中力偶值            Mcm = % 3.3f Nmm \n', Mcm);
fprintf ('          合成弯矩 1            Mc1 = % 3.3f Nmm \n', Mc1);
fprintf ('          合成弯矩 2            Mc2 = % 3.3f Nmm \n', Mc2);
```

```
fprintf ('               大齿轮传递转距        T2 = %3.3f Nm \n', T2);
fprintf ('             轴危险截面的当量弯矩      Me = %3.2f Nm \n', Me);
fprintf ('             弯扭组合强度需要的轴径     de = %3.2f mm \n', de);
fprintf ('             轴危险截面的实际直径      dc = %3.2f mm \n', dc); if de<=dc
        '  @@@ 满足轴的弯扭组合强度要求'
else
        '  @@@ 不满足轴的弯扭组合强度要求，需要加大轴的直径'
end
```

计算结果：

```
= = = = = = = = =轴弯扭组合强度计算   = = = = = = = = =
      轴的最小直径     d = 35.000 mm
   齿轮传递的圆周力    Ft = 4100.000 N
         径向力     Fr = 1566.000 N
         轴向力     Fa = 1304.000 N
   H 面-A 支座反力   Fa_ h = 2050.000 N
     B 支座反力      Fb_ h = 2050.000 N
         弯矩      Mc_ h = 94300.000 Nmm
   V 面-A 支座反力   Fa_ v = -154.000 N
     B 支座反力      Fb_ v = 1720.000 N
        弯矩 1     Mc_ v1 = -7084.000 Nmm
        弯矩 2     Mc_ v2 = 79120.000 Nmm
     弯矩突变值     Mc12 =  86204.000 Nmm
     集中力偶值     Mcm =  86209.000 Nmm
     合成弯矩 1     Mc1 =  94566.000 Nmm
     合成弯矩 2     Mc2 = 123095.000 Nmm
   大齿轮传递转距     T2 = 257685.000 Nm
 轴危险截面的当量弯矩   Me = 197628.00 Nm
弯扭组合强度需要的轴径   de = 33.66 mm
 轴危险截面的实际直径    dc = 48.00 mm
   @@@ 满足轴的弯扭组合强度要求
```

4.4　齿轮校核

斜齿圆柱齿轮在忽略齿面间的摩擦力时，作用在与齿面垂直的法向啮合平面内的 F_n 可分解为圆周力 F_r、径向力 F_r 和轴向力 F_a，作图如图 4-11 所示。

如果用 α_1 表示端面压力角，$\beta = \arccos(M_n/M_t)$ 表示分数圆螺旋角，β_b 表示基圆螺旋角、T_1、d_1、M_n、M_t、α_n、z_1 分别表示作用在齿轮 1 上的扭矩、齿轮 1 的节圆直径、法面模数、端面模数、法面压力角和齿轮 1 的齿数，下标 1 表示齿轮 1。则各力可表达如下：

① $F_t = 2T/d_1$

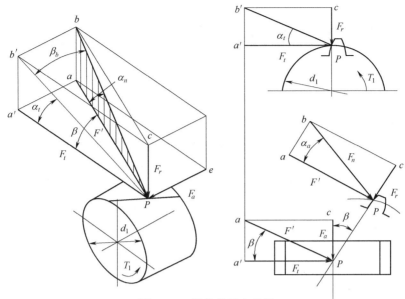

图 4-11　齿轮的受力分析

② $F_r = F_t \tan\alpha_t = F_t \tan\alpha_n / \cos\beta$

③ $F_a = F_t \tan\beta$

④ $F_n = F_t / (\cos\alpha_t \cos\beta_b)$

若 $\alpha_t = 20°$，$M_n = 2$，$M_t = d_1 / z_1 = 56/27 = 2.074$，$\beta = \arccos(M_n / M_t) = 15°21'5''$，$F_n = 95500$，计算圆周力 F_t、径向力 F_r 和轴向力 F_a。

由 $\tan\beta_b = \tan\beta\cos\alpha_t$，得到 $\beta_b = \cot(\tan\beta\cos\alpha_t)$。

新建 M 文件如下：

```
fn=9550; alphft=20; beta=15.3514; betab=atan (tan (beta) * cos (alphft) );
ft=fn*cos (alphft)  *cos (betab);
fa=ft*tan (beta);
fr=ft*tan (alphft);
```

运行结果如下：

```
ft=
  3.8529e+004
fa=
 -1.4352e+004
fr=
  8.6196e+004
```

本 章 小 结

本章从实例出发，讲解了材料力学、螺栓校核、轴的校核、齿轮校核和 MATLAB 结合解决实际问题的方法，主要通过传统问题的 MATLAB 解法展开让同学们深入了解 MATLAB 的使用。

第 5 章   MATLAB 在信号处理中的应用

【本章导读】

信号处理是电子信息类专业的重要技能，具备一定的抽象性特征。本章着眼于信号与系统的基本概念，利用 MATLAB 作为工具，对信号与线性系统中遇到的实际问题进行分析。

MATLAB 中集成了种类繁多的命令和函数，能够方便地对信号进行分析与处理。如卷积、傅里叶变换、拉普拉斯变换、零点与极点的求解等。通过对工具箱函数的使用，可以对线性时不变系统进行时域、频域、复频域的相关分析。同时，利用 MATLAB 不仅局限于离散时间信号或者系统问题，还可以对连续时间信号或者系统问题进行分析。

【本章要点】

（1）掌握信号在 MATLAB 中的表示；

（2）掌握信号在 MATLAB 中的数学变换；

（3）了解窗函数法设计滤波器的过程；

（4）掌握 MATLAB 小波变换工具箱的应用；

（5）利用 MATLAB 对信号进行相关分析；

（6）了解幅度调制。

5.1   信号在 MATLAB 中的表示

信号是以时间 t 为变量的函数，以基本的形式可以分为连续信号和离散信号。在 MATLAB 中提供了大量的基本信号函数，可以直接进行调用，这些函数是 MATLAB 中的内部函数。本节将介绍信号的生成、傅里叶变换、针对离散信号的卷积操作，并且提供了常用的 MATLAB 函数，方便进行调用。

表 5-1   常用信号的 MATLAB 产生函数

函数名称	功能说明	函数名称	功能说明
sawtooth	产生锯齿波或三角波信号	pulstran	产生冲激串
square	产生方波信号	tripuls	产生非周期三角波信号
sinc	产生 sinc 函数波形	diric	产生 dirichlet 或周期 sinc 函数
chirp	产生调频余弦信号	gmonopuls	产生高斯单脉冲信号
gauspuls	产生高斯正弦脉冲信号	exp	产生指数信号
rectpuls	产生矩形脉冲信号		

【例 5-1】 使用 MATLAB 编程的方法生成一个幅值为 1，以 $t = 2T$ 为对称中心的矩形脉冲信号。

解：可以直接使用 MATLAB 函数 rectpuls 产生需要的矩形脉冲信号，使用这种方式的格式如下：

```
y=rectpuls (t, width)
```

其中 width 默认值为 1。取幅值为 2，编写程序如下：

```
t=0: 0.001: 4;
T=2;
yt= rectpuls (t-2*T, 2*T);
plot (t, yt);
axis ( [0, 4, 0, 1, 2] )
```

运行结果如图 5-1 所示。

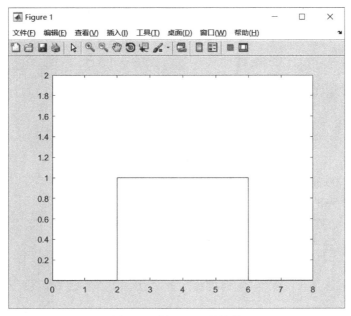

图 5-1　例 5-1 运行结果

【例 5-2】　用 MATLAB 命令绘制出连续时间信号关于 t 的曲线，t 的取值范围为 0～30 s，并以 0.1s 递增。

解： MATLAB 程序为：

```
t=0: 0.1: 30;
x=3*exp (-0.301*t) .*cos (2/5.*t) +2*t;
plot (t, x);
grid;
ylabel ('x (t) '); xlabel ('time (sec) ');
title ('x (t) =3exp (-0.301t) cos (2/5t) +2t')
```

运行结果如图 5-2 所示。

【例 5-3】　绘制离散时间信号的棒状图。其中 $x(-1)=-1$，$x(0)=1$，$x(1)=2$，$x(2)=1$，$x(3)=0$，$x(4)=-1$，其他时间 $x(n)=0$。

解： MATLAB 程序为：

```
n=-3: 5;
x= [0, 0, -1, 1, 2, 1, -1, 0, 0];
stem (n, x); grid on;
line ( [-3, 5], [0, 0] );
```

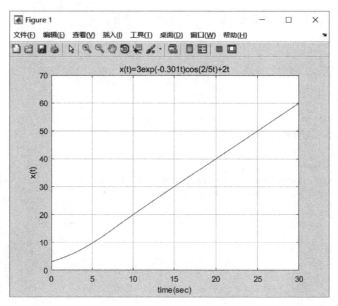

图 5-2　例 5-2 运行结果

```
xlabel ('n'); ylabel ('x [n] ')
```

运行结果如图 5-3 所示。

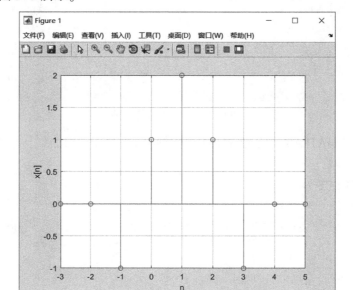

图 5-3　例 5-3 运行结果

5.2　信号在 MATLAB 中的数学变换

MATLAB 中提供了大量信号分析中所能用到的数学变换工具函数，包括了傅里叶变换卷积、拉普拉斯变换等。本节着重介绍傅里叶变换在 MATLAB 中的操作方法。

1. 傅里叶变换

时域中的 $f(x)$ 与它在频域中的傅里叶变换存在着如下的关系。

$$f = f(\oplus) \Rightarrow F = F(v) = \int_{-\infty}^{+\infty} f(u) e^{-ivu} dx$$

$$L(z) = \int_{0}^{+\infty} F(w) e^{-zw} dw$$

在 MATLAB 中分别由命令函数来完成此类变换，它们分别是 fourier 和 ifourier。对于傅里叶变换其命令格式有以下三种。

（1）$F = \text{fourier}(f)$ 对符号单值函数 f 中的默认变量 x（由命令 findsym 确定）计算 Fourier 变换形式。默认的输出结果 F 是变量 w 的函数：

$$f = f(x) \Rightarrow F = F(\omega) = \int_{-\infty}^{+\infty} f(x) e^{-ivu} dx$$

若 $f = f(\omega)$，则 fourier（f）返回变量为 t 的函数：$F = F(t)$。

（2）$F = \text{fourier}(f, v)$ 对符号单值函数 f 中的指定变量 v 计算 Fourier 变换形式。

$$f = f(\oplus) \Rightarrow F = F(v) = \int_{-\infty}^{+\infty} f(x) e^{-ivu} dx$$

$F = \text{fourier}(f, u, v)$ 令符号函数 f 为变量 u 的函数，而 F 为变量 v 的函数。

$$f = f(\oplus) \Rightarrow F = F(v) = \int_{-\infty}^{+\infty} f(u) e^{-ivu} dx$$

例如：

```
syms x w u v
f=cos (x) * exp (x^2)
F=fourier (f)
f1=x * exp (-abs (x) )
F1=fourier (f1, u)
```

得到的结果如图 5-4 所示。

2. 傅里叶反变换

使用 ifourier 命令来完成，其命令格式如下所示。

（1）$F = \text{ifourier}(F, u)$ 输出参量 $f=f(x)$ 为默认变量 w 的标量符号对象 F 的逆 Fourier 积分变换。即 $F = F(x) \rightarrow f = f(t)$。逆 Fourier 积分变换定义为：

```
f1 =

x*exp(-abs(x))


F1 =

-(u*4i)/(u^2 + 1)^2
```

图 5-4　程序运行结果

$$f(x) = \frac{1}{2\pi} \int_{-\infty}^{+\infty} F(\omega) e^{\tau\omega x} d\omega$$

（2）$f = \text{ifourier}(F, v, u)$ 使 F 为变量 v 的函数，f 为变量 u（u 为标量符号对象）的函数：

$$f(u) = \frac{1}{2\pi} \int_{-\infty}^{+\infty} F(\omega) e^{\tau\omega u} d\omega$$

例如：

```
syms a real
f=exp (-w^2/ (4 * a^2) )
F=ifourier (f)
```

其结果为：F = exp (-a^2 * x^2) / (2*pi^(1/2) * (1/ (4 * a^2)) ^(1/2))

【例 5-4】　假设现在有含有 3 种频率成分，$f_1 = 20\text{Hz}$，$f_2 = 20.5\text{Hz}$，$f_3 = 40\text{Hz}$，采样频率

为 $f_s = 100\text{Hz}$，且

$$x(n) = \sin(2n\pi f_1/f_s) + \sin(2n\pi f_2/f_s) + \sin(2n\pi f_3/f_s)$$

（1）求 $x(n)$ 在 0~128 之间的傅里叶变换 $X(k)$。

（2）求把（1）中的 $x(n)$ 以补零方式使其加长到 0~512 之间后的傅里叶变换 $X(k)$。

（3）求 $x(n)$ 在 0~512 之间的傅里叶变换 $X(k)$。

解：（1）MATLAB 程序如下：

```
N=128;
fs=100;
n=0: 1: N-1;
f1=20;
f2=20.5;
f3=40;
xn=sin (2*pi*f1*n/fs) +sin (2*pi*f2*n/fs) +sin (2*pi*f3*n/fs);
XK=fft (xn);
AXK=abs (XK (1: N/2) );
figure (1);
subplot (2, 1, 1);
plot (n, xn);
k= (0: N/2-1) *fs/N;
subplot (2, 1, 2)
plot (k, AXK);
```

执行程序，结果如图 5-5 所示。

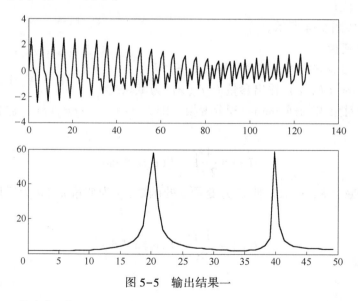

图 5-5　输出结果一

（2）MATLAB 程序如下：

```
M=512;
xn= [xn zeros (1, M-N) ];
XK=fft (xn);
```

```
AXK=abs (XK (1：M/2) );
m=0：1：M-1;
figure (2);
subplot (2, 1, 1)
plot (m, xn);
k= (0：M/2-1) *fs/M;
subplot (2, 1, 2)
plot (k, AXK)
```

执行程序，结果如图 5-6 所示。

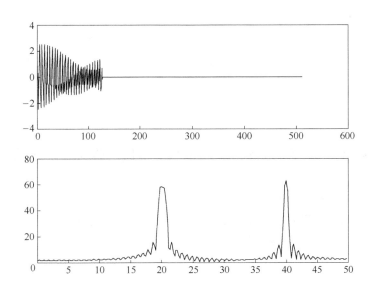

图 5-6　输出结果二

3）MATLAB 程序如下：

```
n=0：1：M-1;
xn=sin (2*pi*f1*n/fs) +sin (2*pi*f2*n/fs) +sin (2*pi*f3*n/fs);
XK=fft (xn);
AXK=abs (XK (1：M/2) );
figure (3)
subplot (2, 1, 1)
plot (n, xn)
k= (0：M/2-1) *fs/M;
subplot (2, 1, 2)
plot (k, AXK)
```

执行程序，结果如图 5-7 所示。

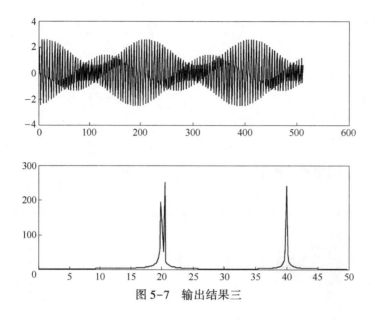

图 5-7　输出结果三

5.3　利用窗函数法设计 FIR 数字滤波器

FIR 数字滤波器是指有限冲激响应数字滤波器，这是一种在数字型信号处理当中应用非常广泛的基础性滤波器，FIR 数字滤波器具有有限长的脉冲采样响应特性，比较稳定。因此，FIR 数字滤波器在信息传输领域、模式识别领域以及数字图像处理领域具有重要的地位。

FIR 数字滤波器的系统函数为

$$H(z) = \sum_{n=0}^{N-1} h(n) z^{-n}$$

这个公式也可以看成是离散 LSI 系统的系统函数。

$$H(z) = \frac{Y(z)}{X(z)} = \frac{b(z)}{a(z)} = \frac{\sum_{m=0}^{M} b_m z^{-m}}{1 + \sum_{k=1}^{N} a_k z^{-k}} = \frac{b_0 + b_1 z^{-1} + b_2 z^{-2} + \cdots + b_m z^{-m}}{1 + a_1 z^{-1} + a_2 z^{-2} + \cdots + a_k z^{-k}}$$

分母 a_0 为 1，其余 a_k 全都为 0 时的一个特例。由于极点全部集中在零点，稳定和线性相位特性是 FIR 滤波器的突出优点，因此在实际中广泛使用。

FIR 滤波器的设计任务是选择有限长度的 $h(n)$，使传输函数 $H(e^{j\omega})$ 满足技术要求。主要设计方法有窗函数法、频率采样法和切比雪夫等波纹逼近法等。

用窗函数法设计 FIR 数字滤波器的基本步骤如下：

（1）根据过渡带和阻带衰减指标选择窗函数的类型，估算滤波器的阶数 N。

（2）由数字滤波器的理想频率响应 $H(e^{j\omega})$ 求出其单位脉冲响应 $h_d(n)$。

可用自定义函数 ideal_ lp 实现理想数字低通滤波器单位脉冲响应的求解。

程序清单如下：

```
function hd=ideal_lp (wc, N)    % 点 0 到 N-1 之间的理想脉冲响应
% wc=截止频率（弧度）
% N=理想滤波器的长度
tao= (N-1) /2;
n= [0: (N-1) ];
m=n-tao+eps;    % 加一个小数以避免 0 作除数
hd=sin (wc*m) ./(pi*m);
```

其他选频滤波器可以由低通频响特性合成。如一个通带在 $\omega_{c1} \sim \omega_{c2}$ 之间的带通滤波器在给定 N 值的条件下，可以用下列程序实现：

```
Hd=ideal_lp (wc2, N) -ideal_lp (wc1, N)
```

（3）计算数字滤波器的单位冲激响应 $h(n) = w(n) h_d(n)$。

（4）检查设计的滤波器是否满足技术指标。

如果设计的滤波器不满足技术指标，则需要重新选择或调整窗函数的类型，估算滤波器的阶数 N。再重复前面的四个步骤，直到满足指标。

常用的窗函数有矩形窗、三角形窗、汉宁窗、哈明窗、切比雪夫窗、布莱克曼窗、凯塞窗等，MATLAB 均有相应的函数可以调用。另外，MATLAB 信号处理工具箱还提供了 fir1 函数，可以用于窗函数法设计 FIR 滤波器。

【例 5-5】　选择合适的窗函数设计 FIR 数字低通滤波器，要求：$\omega_p = 0.2\pi$，$R_p = 0.05\text{dB}$；$\omega_s = 0.3\pi$，$A_s = 40\text{dB}$。描绘该滤波器的脉冲响应、窗函数及滤波器的幅频响应曲线和相频响应曲线。

解：由于 MATLAB 的版本问题，因此需要先新建两个程序当中可能要使用的函数 M 文件，在其中对两个函数进行定义，将这两个 M 文件保存下来，则在相同的目录下就可以调用这两个函数。否则，程序会因为没有定义函数为原因而出错。具体程序如下：

```
function [db, mag, pha, grd, w] = freqz_m (b, a);
[H, w] =freqz (b, a, 1000, 'whole');
    H = (H (1: 1: 501) ) '; w = (w (1: 1: 501) ) ';
  mag = abs (H);
    db = 20 * log10 ( (mag+eps) /max (mag) );
pha = angle (H);
grd = grpdelay (b, a, w);
```

将此 M 文件以函数名进行保存。

```
% hd = ideal impulse response between 0 to M-1
% wc = cutoff frequency in radians
% M = length of the ideal filter
%
alpha = (M-1) /2;
n = [0: 1: (M-1) ];
m = n - alpha+eps;    % add smallest number to avoi divided by zero
hd = sin (wc*m) ./(pi*m);
```

同样将此 M 文件以函数名进行保存。

主程序如下：

```
wp=0.2*pi; ws=0.3*pi; deltaw=ws-wp; N0=ceil (6.6*pi/deltaw);
N=N0+mod (N0+1, 2) %为实现 FIR 类型 1 偶对称滤波器, 应确保 N 为奇数
windows= (hamming (N) ) '; wc= (ws+wp) /2; %截止频率
hd=ideal_lp (wc, N); b=hd.*windows;
[db, mag, pha, grd, w] =freqz_m (b, 1);        % db
n=0: N-1; dw=2*pi/1 000;
Rp=- (min (db (1: wp/dw+1) ) )              % 检验通带波动
As=-round (max (db (ws/dw+1: 501) ) )       % 检验最小阻带衰减
subplot (2, 2, 1); stem (n, b); axis ( [0, N, 1.1*min (b), 1.1*max (b) ] ); ti-
    tle ('实际脉冲响应');
xlabel ('n'); ylabel ('h (n) '); subplot (2, 2, 2); stem (n, windows);
axis ( [0, N, 0, 1.1] ); title ('窗函数特性'); xlabel ('n'); ylabel ('wd (n) ');
subplot (2, 2, 3); plot (w/pi, db); axis ( [0, 1, -80, 10] ); title ('幅度频率响应');
xlabel ('频率 (单位: \ pi) '); ylabel ('H (e^{j \omega} ) ');
set (gca, 'XTickMode', 'manual', 'XTick', [0, wp/pi, ws/pi, 1] );
set (gca, 'YTickMode', 'manual', 'YTick', [-50, -20, -3, 0] ); grid;
subplot (2, 2, 4); plot (w /pi, pha); axis ([0, 1, -4, 4] ); title ('相位频率响应');
xlabel ('频率 (单位: \pi) '); ylabel ('\phi ( \omega) ');
set (gca, 'XTickMode', 'manual', 'XTick', [0, wp/pi, ws/pi, 1] );
set (gca, 'YTickMode', 'manual', 'YTick', [-3.1416, 0, 3.1416, 4] ); grid
```

程序运行结果：

N =67

Rp =0.0394

As =52

波形如图 5-8 所示。

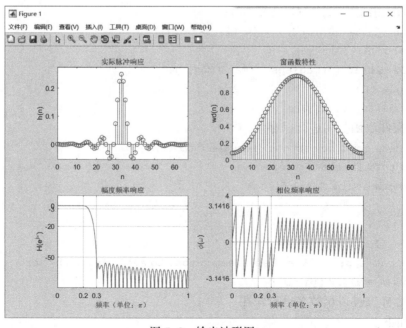

图 5-8　输出波形图

5.4 MATLAB 小波变换工具箱的应用

小波分析是近年来发展起来的一种时域分析的新方法，广泛应用于工程实践当中。比如，非正常噪声的分析与处理。而其在频域分析当中的应用则偏向于区分突发信号、稳定信号以及对它们能量的定量分析。本节将介绍小波变换的工具箱及其在信号处理中的相关应用。

5.4.1 小波工具箱的介绍

在 MATLAB 窗口中直接输入 wavemenu 命令，就会立即弹出小波工具箱的主界面。

在主界面中，可以清楚地看到一维工具、一维多重工具、一维专用工具、二维工具、二维专用工具、三维工具、显示工具、小波设计工具以及拓展工具等。具体界面如图 5-9 所示。

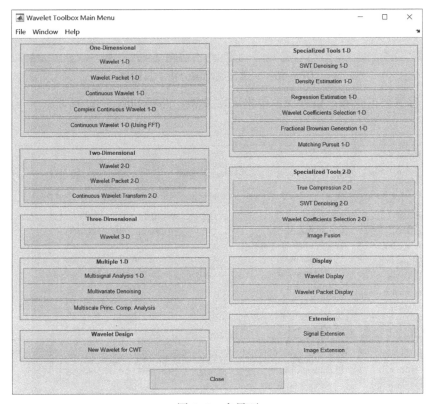

图 5-9 主界面

5.4.2 小波工具箱在分析一维连续小波中的应用

使用一维连续小波分析工具分析正弦曲线噪声信号，操作的具体步骤如下：

（1）启动小波工具箱，即在 MATLAB 窗口中直接输入 wavemenu 命令。

（2）单击 Continuous Wavelet 1-D 按钮，进入一维连续小波分析工具窗口，如图 5-10

所示。

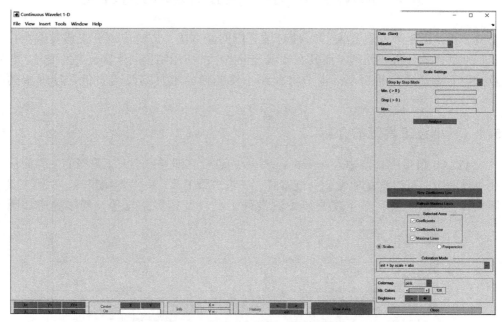

图 5-10　一维连续小波分析工具窗口

（3）之后下载正弦噪声信号源，单击 File 按钮，路径如图 5-11 所示。

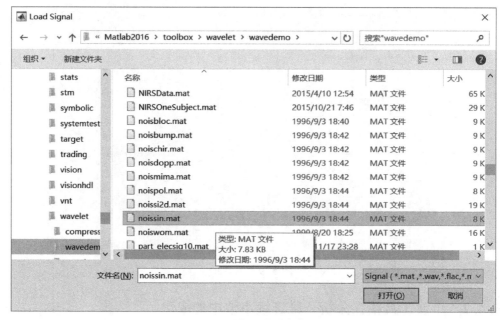

图 5-11　下载正弦噪声信号源

（4）单击"打开"按钮，在界面中设置 db4 小波，尺度设置为 1~48，如图 5-12 所示。

（5）单击 Analyze 按钮触发连续小波变换，如图 5-13 所示。

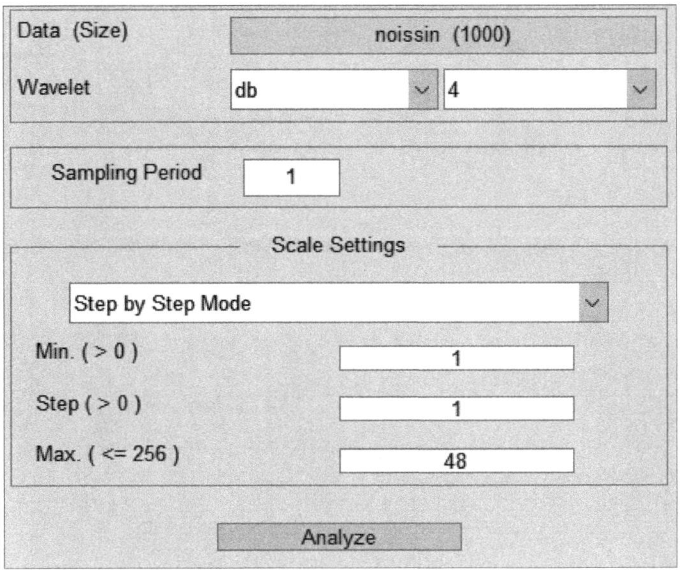

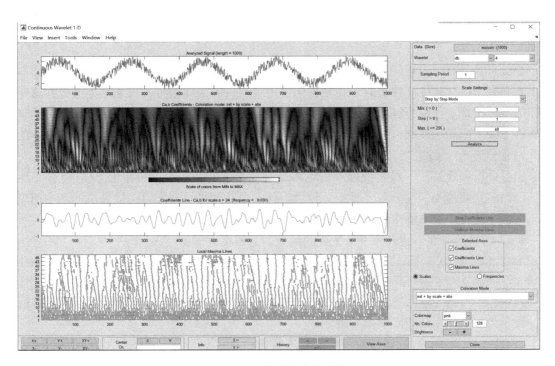

图 5-12 在界面中设置 db4 小波

图 5-13 连续的小波变换

（6）在 Selected Axis 栏可以勾选要显示的坐标系，如仅仅勾选其中的后两个，结果如图 5-14 所示。

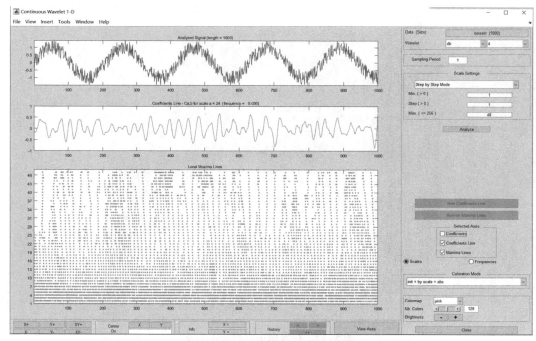

图 5-14　Selected Axis 栏的操作

5.5　应用 MATLAB 小波变换进行信号去噪

小波自身具有很多良好的性质，如去相关性、多分辨特性等。因此，在信号去噪方面表现出来强有力的优越性。在实际的控制系统当中，获得的采样信号不可避免地会受到这样或那样的噪声干扰。使得控制系统偏差的产生，从而极大地影响到了控制系统的精度，系统的准确性下降。因而小波阈值去噪法被广泛地应用于从受到噪声污染的信号中提取到原本的信号（对信号进行"提纯"）。经过去噪处理之后，系统的性能和精度将会得到提高。

经过分析和观察，不难发现原本的信号信息，幅值较大、数目少；而噪声信号相比之下，个数多、幅值小，在分布上具备一致性。这一思路就是小波阈值去噪方法的基本原理。

下面介绍在小波去噪中最为常用的函数——wden 函数。

wden 函数是一维小波去噪中最主要的函数。它的格式为：

[XD, CXD, LXD] =wden (X, TPTR, SORH, SCAL, N, "wname");

[XD, CXD, LXD] =wden (C, L, TPTR, SORH, SCAL, N, "wname");

其中，X 为需要输入的信号；TPTR 为阈值形式；SORH 设定为 s 表示用软门限阈值处理，设定为 h 表示用硬门限阈值处理。

【例 5-6】　利用 wden 函数对一维信号进行自动消噪。

解：程序如下：

```
snr=4;  % 信噪比为 4
t=0: 1/1 000: 1-0.001;
y=sin (5*pi*t);
n=randn (size (t) );
```

```
s =y+n;
xd=wden (s, 'heursure', 's', 'one', 3, 'sym8');
subplot (3, 1, 1);
plot (s);
xlabel ('n');
ylabel ('幅值');
title ('含噪信号');
subplot (3, 1, 2);
plot (y);
xlabel ('n');
ylabel ('幅值');
title ('原始信号');
subplot (3, 1, 3);
plot (xd);
xlabel ('样本信号');
ylabel ('幅值');
title ('消噪信号');
```

运行程序，结果如图 5-15 所示。

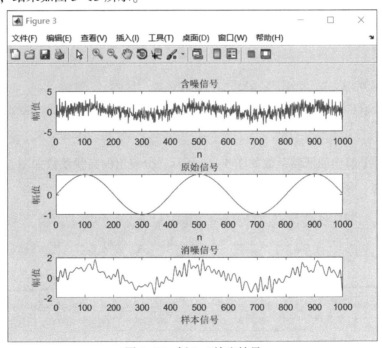

图 5-15　例 5-6 输出结果

5.6　利用小波分析分离信号中的不同成分

利用小波分析可以将噪声信号中的低频成分和高频成分加以分离，并且进行重构。小波变换具有良好的时频局部化特性，因而能有效地从信号中提取资讯，很好地解决了傅里叶变换不能解决的许多困难问题。本节着重介绍了利用小波分析的方法分离信号当中的不同成分。

【例 5-7】 利用小波分析对正弦噪声信号进行自动消噪。

解： 以之前的正弦噪声信号 noissin 为例，利用 db4 的小波将信号中的低频和高频成分加以分离。

程序如下：

```
load noissin;
s=noissin;
figure;
subplot (5, 1, 1);
plot (s);
ylabel ('s');
[C, L] =wavedec (s, 4, 'db4');
for i=1: 4;
A=wrcoef ('A', C, L, 'db4', 5-i);
subplot (5, 1, i+1); plot (A);
ylabel ( ['A', num2str (5-i) ] );
end
figure;
subplot (5, 1, 1); plot (s);
ylabel ('s');
for i=1: 4;
D= wrcoef ('D', C, L, 'db4', 5-i);
subplot (5, 1, i+1); plot (D);
ylabel ( ['D', num2str (5-i) ] );
end
```

运行程序：分解出的低频系数如图 5-16 所示，分解出的高频系数如图 5-17 所示。

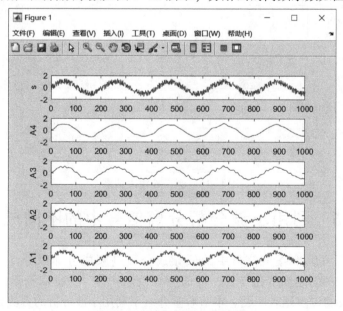

图 5-16　输出低频系数结果

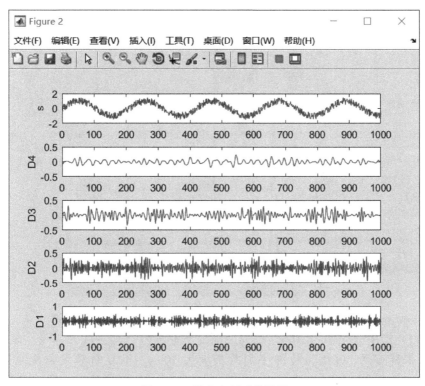

图 5-17　输出高频系数结果

5.7　MATLAB 在信号分析中应用的实例

【例 5-8】　设方波信号的宽度为 $10s$，信号持续为 $10s$，试求其在 $0 \sim 20s^{-1}$ 频段间的频谱特征。如只取 $0 \sim 10s^{-1}$ 的频谱分量（相当于通过了一个低通频率波），求其输出波形。

解： MATLAB 程序如下：

```
clear
tf=10; N=256;
t=linspace (0, tf, N);                    % 给出时间分割
w1=linspace (eps, 20, N); dw=20/(N-1);
% dw=1/4/tf; w1 = [eps: dw: (N-1) /4/tf];
                                          % 给出频率分割
f = [ones (1, N/2), zeros (1, N/2) ];     % 给出信号
F1=f * exp (-j*t'*w1) *tf/(N-1);          % 求傅里叶变换
w= [-fliplr (w1), w1 (2: N) ];            % 补上负频率
F= [fliplr (F1), F1 (2: N) ];             % 补上负频率区的频谱
w2=w (N/2: 3 * N/2);                      % 取出中段频率
F2=F (N/2: 3 * N/2);                      % 取出中段频谱
subplot (1, 2, 1), plot (w, abs (F), 'linewidth', 1.5), grid;
f1=F2 * exp (j * w2'* t) /pi * dw;        % 对中段频谱求傅里叶变换
subplot (1, 2, 2), plot (t, f, t, f1, 'linewidth', 1.5), grid;
```

运行程序，结果如图 5-18 所示。

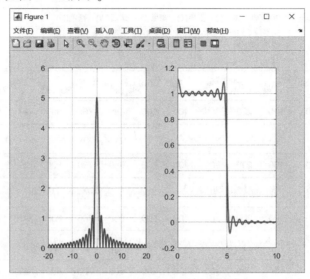

图 5-18　例 5-8 的输出结果

【例 5-9】　产生一频率为 10kHz 的周期高斯脉冲信号，其宽度为 50%。脉冲重复的频率为 1kHz，采样率为 50kHz，脉冲序列的长度为 10ms，重复时频度每次衰减为原来的 0.8 倍。

解：MATLAB 程序如下：

```
t=0: 1/50e3: 10e-3;
d= [0: 1/1e3: 10e-3; 0.8.^(0: 10) ] ';
y=pulstran (t, d, 'gauspuls', 10e3, 0.5);
plot (t, y);
xlabel ('时间/s');
ylabel ('幅值');
```

运行程序，结果如图 5-19 所示。

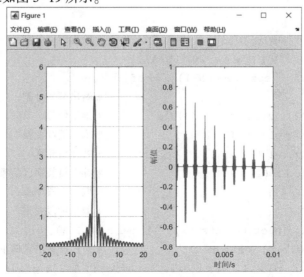

图 5-19　例 5-9 的输出结果

本 章 小 结

　　本章借助 MATLAB 的工具箱函数，介绍了如何在 MATLAB 中表示信号；介绍了利用傅里叶变换对信号进行分析的方法；介绍了利用窗函数法设计 FIR 数字滤波器的步骤；叙述了小波变换工具箱及其在信号降噪、分离信号不同成分中的应用；简述了信号分析的相关应用实例。

第 6 章　MATLAB 在自动控制原理中的应用

【本章导读】

在现代科学领域中，自动控制技术的作用日益突出。所谓的自动控制，就是在没有人直接参与的情况下，利用外加的设备或者装置（控制装置或控制器），使得机器、设备或生产过程（被控对象）或者某个工作状态或参数（被控量）自动地按照预定的规律运行。

控制系统的计算机辅助分析与设计已经成为一门专门的学科。随着这门学科的发展，出现了各种各样的控制系统分析与设计软件和工具包。MATLAB 中包含非常充实的用于控制系统分析与设计的函数，其优势在于，对于复数运算、求特征值、求解方程的根、矩阵中的求逆以及快速傅里叶变换等一系列的复杂计算在 MATLAB 中仅仅需要一条命令即可实现，为控制系统的设计分析提供了支持。对于从事自动化行业的工程技术人员，借助 MatLAB 的控制系统工具箱和 SIMULINK 可以方便地进行经典自动控制系统的时域分析、轨迹分析、频域分析、系统校正以及非线性系统分析。同时，也可以利用 MATLAB 的函数进行最优控制与估计、极点配置等现代分析设计方法对系统进行设计分析。本章主要针对 MATLAB 在经典控制理论的分析与应用予以介绍。

【本章要点】

（1）掌握控制系统工具箱函数；

（2）掌握利用 MATLAB 解决控制系统数学问题的方法；

（3）掌握利用 MATLAB 处理传递函数的方法；

（4）掌握利用 MATLAB 进行根轨迹分析的方法；

（5）掌握利用 MATLAB 进行时间相应分析的方法；

（6）掌握利用 MATLAB 进行频率响应分析的方法；

（7）能绘制系统的伯德图和奈奎斯特图；

（8）能分析自动控制系统的稳定性。

6.1　控制系统工具箱函数

控制系统的分析与设计中有种类繁多的函数，这些函数是分析设计过程中必需的工具。MATLAB 很好地包含这些工具箱函数，并且使用 Help 命令即可非常方便地得到这些函数。本节将会列出在控制系统分析和设计中常用的函数，并且对于它们给出了说明，如表 6-1~表 6-10 所示。

表 6-1　模型建立函数

函数名称	功能说明
augstate	将状态增广到状态空间系统的输入中
append	两个状态空间系统的组合

续表

函数名称	功 能 说 明
parallel	系统的并联连接
series	系统的串联连接
feedback	两个系统的反馈连接
cloop	状态空间系统的闭环形式
ord2	产生二阶系统
model, drmodel	稳定的随机 n 阶模型
ssdelete	从状态空间系统中删除输入、输出或状态
ssselect	从大状态空间中选择一个子系统
connect, blkbuild	将方框图转换为状态空间模型
estim, destim	生成连续/离散状态估计器或观察器
reg, dreg	生成控制器/估计器
pade	延时环节的有理数近似

表 6-2　模型变换函数

函数名称	功 能 说 明
c2d, c2dt	将连续时间系统转换成离散时间系统
c2dm	将连续状态空间模型变换成离散状态空间模型
d2c	将离散时间系统变换成连续时间系统
d2cm	按指定方式将离散时间系统变换成连续时间系统
ss2tf	变系统状态空间形式为传递函数形式
ss2zp	变系统状态空间形式为零极点增益形式
tf2ss	变系统传递函数形式为状态空间形式
tf2zp	变系统传递函数形式为零极点增益形式
zp2ss	变系统零极点形式为状态空间形式
zp2tf	变系统零极点形式为传递函数形式

表 6-3　模型简化函数

函数名称	功 能 说 明
balreal, dbalreal	平衡状态空间的实现
minreal	最小实现性与零极点对消
modred, dmodred	模型降阶

表 6-4　模型特征函数

函数名称	功 能 说 明
ctrb, obsv	可控性和可观性矩阵
gram, dgram	求可控性和可观性 gram 矩阵
dcgain, ddcgain	计算机系统的稳态（D. C.）增益
damp, ddamp	求衰减因子和自然频率

续表

函 数 名 称	功 能 说 明
covar，dcovar	白噪声的协方差矩阵
esort，dsort	特征值排序
tzero	传递零点
printsys	显示或打印线性系统

表 6-5　模型实现函数

函 数 名 称	功 能 说 明
canon	状态空间的正则形式转换
ctrbf，obsvf	可控性和可观性阶梯形式
ss2ss	相似变换

表 6-6　方程求解函数

函 数 名 称	功 能 说 明
are	代数 Riccati 方程求解
lyap，lyap2，dlyap	Lyapunov 方程求解

表 6-7　频域响应函数

函 数 名 称	功 能 说 明
bode	求连续系统的伯德频率响应
dbode	求离散系统的伯德频率响应
nyquist	求连续系统的奈奎斯特频率曲线
dnyquist	求离散系统的奈奎斯特频率曲线
nichols	求连续系统的奈奎斯特频率响应曲线
dnichols	求离散系统的奈奎斯特频率响应曲线
nigrid	绘制 Nichols 曲线网络
sigma	求连续状态空间系统的奇异值伯德图
dsigna	求离散状态空间系统的奇异值伯德图
freqs	模拟滤波器的频率响应
margin	求增益和相位裕度
ltifr	求线性时不变响应

表 6-8　时域响应函数

函 数 名 称	功 能 说 明
step	求连续系统的单位阶跃响应
dstep	求离散系统的单位阶跃响应
impulse	求连续系统的单位冲击响应
dimpulse	求离散系统的单位冲击响应
initial	求连续系统的零输入响应
dinitial	求离散系统的零输入响应
lsim	仿真任意输入的连续系统
dlsim	仿真任意输入的离散系统
ltitr	求线性时不变系统的时间响应

表 6-9　根轨迹函数

函数名称	功　能　说　明
pzmap	绘制系统的零极点图
rlocus	求系统根轨迹
rlocfind	计算给定根的根轨迹增益
sgrid	在连续系统根轨迹和零极点图中绘制阻尼系数和自然频率栅格
zgrid	在离散系统根轨迹和零极点图中绘制阻尼系数和自然频率栅格

表 6-10　估计器/调节器设计函数

函数名称	功　能　说　明
lqe，lqe2，lqew	连续系统线性二次型估计器设计
dlqe，dlqew	离散系统线性二次型估计器设计
lqed	根据连续代价函数进行离散估计器设计
lqr，lqr2，lqry	连续系统的线性二次型调节器设计
dlqr，dlqry	离散系统的线性二次型调节器设计
lqrd	根据连续代价函数进行离散调节器设计
place，acker	极点配置增益选择

6.2　MATLAB 在自动控制原理数学模型中的应用

控制系统的数学模型对于分析和研究控制系统起着极其关键的作用，要对系统进行模拟，必须知道该系统的数学模型。基于系统的数学模型，可以进一步设计系统的控制器，以使得系统响应可以达到预期的效果，从而使其符合工程实际的需求。

常用函数如下：

(1) roots (A)，其中 A 包含多项式的行向量。

功能：求取特征多项式的根，其结果将以列向量的形式表示。

(2) poly ()。

功能：已知多项式的根，可以通过 poly () 函数得到多项式的系数，即可得到多项式的方程。

【例 6-1】　求多项式 $s^6 + 9s^5 + 36s^4 + 60s^3 + 63s^2 + 12.8s + 16$ 的根。

解：将多项式系数按照降幂次序排列在一个行向量 A 中，用 roots () 函数求解。程序以及结果如下：

```
A= [1 9 36 60 63 12.8 16];
r=roots (A)

r =

 -3.5086 + 2.5746i
 -3.5086 - 2.5746i
```

```
 -1.0267 + 1.3993i
 -1.0267 - 1.3993i
  0.0354 + 0.5284i
  0.0354 - 0.5284i
```

【例 6-2】 多项式的根为-1，-5，-3+4j，-3-4j，求多项式方程。

解：为了输入复数，必须建立虚数单位，通常使用函数 sqrt（-1）来定义一个虚数单位 j（即-1 的平方根），然后再向行（列）向量输入复数根。

```
j=sqrt (-1);
r= [-1; -5; -3+4j; -3-4j];
p=poly (r)
p =
     1   12   66   180   125
```

因此，对应本例题中多项式根的特征方程为：

$$s^4 + 12s^3 + 66s^2 + 180s + 125 = 0$$

【例 6-3】 求下列矩阵的特征方程的根。

$$A = \begin{bmatrix} 0 & 1 & -1 \\ -6 & -11 & 6 \\ -6 & -11 & 5 \end{bmatrix}$$

解：用 poly（）函数求矩阵的特征方程，用 roots（）函数求特征方程的根。利用 eig（A）函数求矩阵的特征值，以验证矩阵特征方程的根是否是矩阵的特征值。

```
A= [0 1 -1; -6 -11 6; -6 -11 5];
P=poly (A);
r=roots (P);
ans=eig (A)
ans =
  -1.0000
  -2.0000
  -3.0000
```

从计算结果可以很明显地看到，矩阵特征方程的根就是矩阵的特征值。

6.3　MATLAB 在传递函数中的应用

传递函数是经典控制论中对线性系统进行研究、分析的基本数学工具。对标准的微分方程进行 Laplace 变换，可以顺利地将其化成代数方程。如果在此基础上将此代数方程右端变量的算子除以左端变量的算子，则可以得到传递函数。即对于线性时不变系统，传递函数就是零初始条件下输出量的 Laplace 变换函数与输入量的 Laplace 函数之比。其形式比微分方程更能直观地传达信息。如果进一步令传递函数分母的多项式为零，可得到系统的特征方程。这时传递函数可以由系统的零点、极点和常数项（系统的增益）来表达。本节将以举例的形式介绍 MATLAB 在传递函数中的应用。

6.3.1　在 MATLAB 中表示传递函数

函数：tf([ ],[ ])，其中 [ ] 中分别填写分子、分母多项式的系数。

功能：在 MATLAB 中表示传递函数。

【例 6-4】　将传递函数 $G(s) = \dfrac{3s+1}{2s^2+s-2}$ 在 MATLAB 中表示出来。

解：利用 tf( ) 函数可以在 MATLAB 中表示传递函数。在 MATLAB 中执行程序：

```
s1=tf([3,1],[2,1,-2])
```

运行结果：

```
s1 =

   3 s + 1
  -------------
  2 s^2 + s- 2
```

Continuous-time transfer function.

【例 6-5】　已知方框图如图 6-1 所示，求系统传递函数。

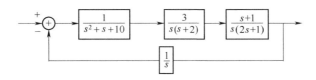

图 6-1　方框图

解：利用 tf( ) 函数可以在 MATLAB 中表示传递函数。在 MATLAB 中执行程序：

```
G1=tf([1],[1 1 10]);
G2=tf([3],[1 2 0]);
G3=tf([1 1],[2 1 0]);
H1=tf([1],[1 0]);
s3=series(G1,G2);
s4=series(s3,G3);
s5=feedback(s4,H1,-1)
```

求出的传递函数为：

```
s5 =

           3 s^2 + 3 s
  ------------------------------------------------
  2 s^7 + 7 s^6 + 27 s^5 + 52 s^4 + 20 s^3 + 3 s+ 3
```

Continuous-time transfer function.

【例 6-6】　绘制出传递函数 $G(s) = \dfrac{s+1}{s^2+2es+1}$ 在不同阻尼比时的彩带图。

解： 输入程序如下：

```
zeta2 =[0.1 0.2 0.3 0.4 0.5 0.6 0.7 0.8 0.9 1.0];
n =length(zeta2);
for k =1:n
    Num{k,1} =[1];
    Den{k,1} =[1,2 * zeta2(k),1];
    str_leg{k,1} =num2str(zeta2(k));
end
S =tf(Num,Den);
t =(0:0.3:30)';
[Y,X] =step(S,t);
tt =t * ones(size(zeta2));
ribbon(tt,Y,0.4);
legend(str_leg);
```

输出结果如图 6-2 所示。

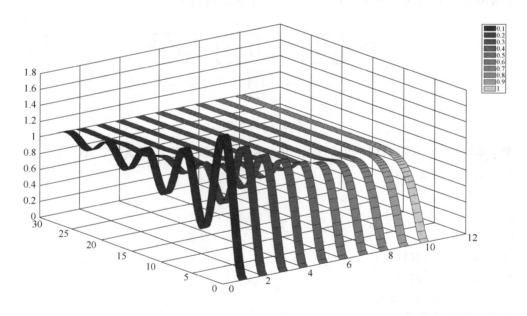

图 6-2　例 6-6 的输出结果

6.3.2　传递函数的零点和极点

零点模型是传递函数的另一种表现形式，即将传递函数的分子、分母进行分解因式的处理，从而可以获得系统的零极点表达式。对于 SISO（单输入单输出）系统来说，其零极点模型可以表示如下：

$$G(s) = K \frac{(s + z_1)(s + z_2)\cdots(s + z_m)}{(s + p_1)(s + p_2)\cdots(s + p_m)}$$

式中可以看到 z 和 p 的取值分别可以代表系统的零点和极点，它们可能是某个实数，也可能是某个虚数。K 称为系统的增益，一般情况下是一个正实数。利用系统的零点和极点可以判定系统的稳定性。

常用函数如下：

（1）tf2zp( )

功能：在 MATLAB 中用来求传递函数的零点、极点和增益。

（2）zp2tf( )

功能：在 MATLAB 中已知传递函数的零点、极点和增益，反求传递函数。

【例 6-7】　求以下传递函数的零点、极点和增益。

$$G(s) = \frac{s^3 + 12s^2 + 20s}{s^4 + 9s^3 + 45s^2 + 87s + 50}$$

解：输入如下：

```
num = [1 12 20 0];
den = [1 9 45 87 50];
[z, p, k] =tf2zp (num, den)
```

输出结果如下：

```
z =
     0
   -10
    -2
p =
  -3.0000 + 4.0000i
  -3.0000 - 4.0000i
  -2.0000 + 0.0000i
  -1.0000 + 0.0000i
k =
     1
```

所以，可以整理出传递函数的零极点模型如下：

$$G(s) = \frac{s(s + 10)(s + 2)}{(s + 1)(s + 2)(s + 3 + j4)(s + 3 - j4)}$$

【例 6-8】　已知系统的零点为-2，-10，0，极点为-3+j4，-3-j4，-2，-1，增益为 1，求其传递函数。

解：输入时以方括号上标的 " ′ " 来表示对一个矩阵取转置矩阵。

```
z = [-2 -10 0]';
k=1;
j=sqrt (-1);
p= [-3+4*j, -3-4*j, -2, -1] ';
[num, deen] =zp2tf (z, p, k)
```

输出结果如下：

```
num =
     0     1     12     200
```

```
deen =
    1    9   45   87   50
```

从结果可得，该系统的传递函数为：

$$G(s) = \frac{s^2 + 12s + 200}{s^4 + 9s^3 + 45s^2 + 87s + 50}$$

6.4　MATLAB 在根轨迹分析中的应用

s 平面的根轨迹分析是线性系统分析的常用方法。根轨迹是指当开环系统某一参数（一般为系统的开环系统增益 K）从零变到无穷大时，四循环系统特征方程的根在 s 平面上的轨迹。因此，从根轨迹可分析系统的稳定性、稳态性能、动态性能。通俗地讲，根轨迹分析就是一种求解闭环特征方程根的图解法。它的突出优点在于计算量小、结果直观。该方法根据开环传递函数的零极点分布，以图示的方式求出闭环极点的分布，并且可以看出系统闭环极点随着增益增加的变化趋势，有效地避免了复杂的计算。因此，它是 SISO（单输入单输出系统）分析时的一种重要的设计方法。

常用函数如下：

（1）pzmap( )

功能：在 MATLAB 中用来绘制系统的零极点图，对于 SISO 系统，该函数可以绘制出传递函数的零极点；对于 MIMO（多输入多输出）系统，该函数可以绘制系统的特征向量和传递零点。

格式：

[p, z] =pzmap (mum, den)

说明：可以在复平面绘制出传递函数的零极点，极点用"X"表示，零点用"0"表示。

[p, z] =pzmap (p, z)

说明：可以在复平面绘制出零极点图，其中 p 和 z 均为列向量，p 代表极点位置，z 代表零点位置。

[p, z] =pzmap (A, B, C, D)

说明：可以在复平面绘制出状态空间系统的零极点，对于 MIMO 系统，可以绘制所有输入到输出间的传递零极点。

（2）zgrid

功能：在根轨迹图中加栅格。

（3）rlocus(num, den)

功能：在图形窗口绘制系统的根轨迹，num、den 为系统开环传递函数的分子、分母多项式系数向量。

（4）conv( )

功能：做多项式的乘法。

【例 6-9】　已知二阶离散系统的开环传递函数为：

$$G(z) = \frac{k(0.7z + 0.06)}{z^2 + 0.5z + 0.43}$$

绘制该系统带栅格的根轨迹图。

解：输入如下：

```
num = [0.7 0.06];
den = [1 0.5 0.43];
g = tf (num, den, -1);
rlocus (g);
zgrid
```

输出的零极点图如图 6-3 所示。

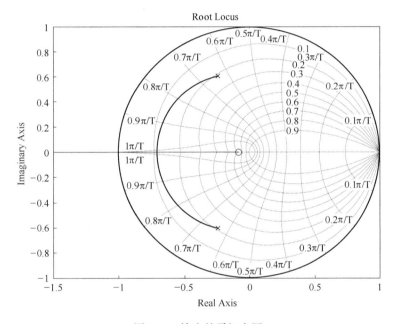

图 6-3　输出的零极点图

【例 6-10】　一个单位负反馈开环传递函数为 $G(s) = \dfrac{k}{s(0.5s + 1)(4s + 1)}$，试绘出系统闭环的根轨迹图，并在根轨迹图上任选一点，试计算该点的增益 k 及其所有极点的位置。

解：在 MATLAB 中执行程序：

```
num = 1;
den = conv ( [1 0], conv ( [0.5 1], [4 1] ) );
rlocus (num, den), [K, poles] = rlocfind (num, den)
```

执行程序的结果如图 6-4 所示。

结论：

```
Select a point in the graphics window
selected_ point =
```

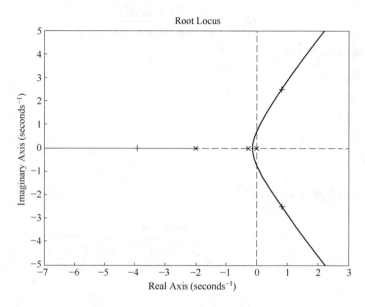

图 6-4　根轨迹图

```
    0.8318 + 2.5000i
  K =
    54.2211
  poles =
    -3.9022
    0.8261 + 2.5030i
    0.8261 - 2.5030i
```

【例 6-11】　设系统的开环传递函数为

$$H(s) = \frac{1}{s^4 + 12s^3 + 30s^2 + 50s + 3}$$

画出系统的根轨迹，并求出临界点（即根在虚轴上）的增益。设 $T(s) = 0.5$，将系统离散化后，再求离散系统的根轨迹，并求出临界点（即根在虚轴上）的增益。

解： MATLAB 程序如下：

```
clc
clear
disp ('分析连续系统');
s=tf (1, [1, 12, 30, 50, 31] )
figure (1);
rlocus (s);
sgrid;
title ('连续系统根轨迹图');
rlocfind (s)
disp ('分析离散系统');
sd=c2d (s, 0.5, 't');
```

```
figure (2);
rlocus (sd);
zgrid;
title ('离散系统根轨迹图');
rlocfind (sd)
```

程序运行结果如下：

分析连续系统

```
s =
                  1
    -------------------------------
    s^4 + 12 s^3 + 30 s^2 + 50 s + 31
Continuous-time transfer function.
Select a point in the graphics window
selected_ point =
  0.1610 + 4.2184i
ans =
  749.0383
```

分析离散系统

```
Select a point in the graphics window
selected_ point =
  0.0223 + 0.0496i
ans =
  179.9129
```

轨迹图如图 6-5 和图 6-6 所示。

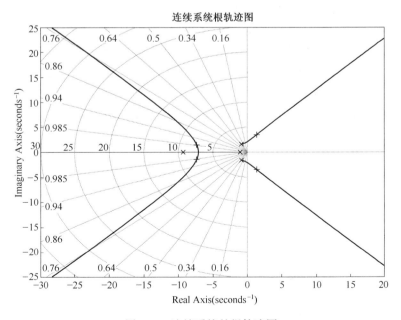

图 6-5　连续系统的根轨迹图

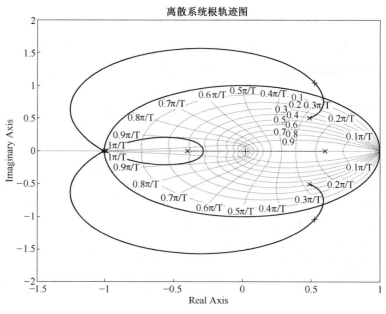

图 6-6　离散系统的根轨迹图

6.5　控制系统的时间响应分析

控制系统工具箱提供了丰富的用于对控制系统时间响应进行分析的工具函数，不仅可以对连续系统进行分析，还可以对离散系统进行分析，并且支持用传递函数或者状态空间表示的模型。

对于控制系统来说，系统的数学模型实际上就是某种差分或微分方程，因而在仿真过程中需要以某种数值算法从给定的初始值出发，逐步计算每一时刻系统的响应以及系统的总体时间响应，并绘制出系统的响应曲线，由此来分析系统的性能。时间响应主要是研究系统对输入和扰动在时域内的瞬态行为。一些系统的特征，如上升时间、过渡时间、超调量以及稳态误差等，都能从时间响应上反映出来。利用 MATLAB 工具箱中的函数可以很方便地求出系统的阶跃响应、脉冲响应等进行仿真和分析，这些函数大多数都能够自动产生时间响应曲线，为实际应用提供了很大的方便。

6.5.1　阶跃响应

函数：step( )

功能：连续系统的单位阶跃响应。

格式：$[y,x,t]$ = step(num,den)

说明：可以绘制多项式传递函数的阶跃响应曲线，其中，num 和 den 分别表示线性系统传递函数的分子、分母多项式系数。

$[y,x,t]$ = step(A,B,C,D)

说明：可以得到一组阶跃响应曲线，每条曲线对应于连续系统：$\begin{cases} \dot{x} = Ax + Bu \\ y = Cx + Du \end{cases}$ 的输入/

输出组合。

[y,x,t]=step(A,B,C,D,iu)

说明：可以绘制出第 iu 个输入到所有输出的单位阶跃响应曲线。

[y,x,t]=step(num,den,t)

或者

[y,x,t]=step(A,B,C,D,iu,t)

说明：可以利用用户指定的矢量 *t* 来绘制单位阶跃响应曲线。

特别地，如果对具体的响应值不感兴趣，则可以只利用 step( ) 函数即可在当前图形窗口中绘制出系统的阶跃响应曲线，其格式分别如下：

step(num,den)

step(A,B,C,D)

step(A,B,C,D,iu)

step(num,den,t)

step(A,B,C,D,iu,t)

对于离散系统，则使用函数 dstep( )。

【例 6-12】　求下面系统在阶跃信号为 0.11 (*t*)时系统的响应。

$$G(s) = \frac{20}{s^4 + 8s^3 + 36s^2 + 40s + 20}$$

并求系统性能指标：稳态值、上升时间、调节时间、超调量。

解： 在系统中执行：

num=0.11*[20];

den=[1 8 36 40 20];

sys=tf(num,den);

step(num,den)

运行程序的结果如图 6-7 所示。

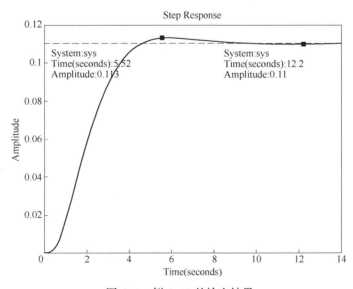

图 6-7　例 6-12 的输出结果

由图 6-7 所知：该系统的稳态值为 0.11，上升时间为 5.52 s，调节时间为 12.2 s，超调量为 11.3%。

【例 6-13】　有一位置随动系统，其传递函数为

$$G(s) = \frac{50}{0.05s^2 + 1.625s + 50}$$

（1）当系统输入单位阶跃函数时，超调量 mp≤5%，绘制系统的单位阶跃响应曲线。

（2）当系统发生单位阶跃时，求系统的上升时间、峰值时间、最大超调量及调整时间。

解：（1）输入程序：

```
t=[0:0.01:0.8];
nG=[50];
dG=[0.05 1.625 50];G1=tf(nG,dG);
[y,T]=step(G1,t);
plot(T,y)
grid on;xlabel('t/s'),ylabel('x(t)')
```

输出结果如图 6-8 所示。

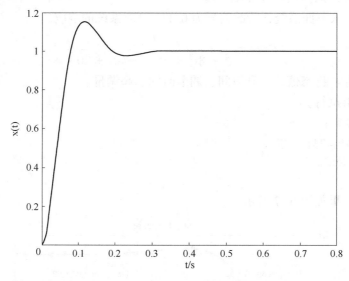

图 6-8　例 6-13 的输出结果

（2）输入程序：

```
t=0:0.001:1;
yss=1;dta=0.02;
nG=[50];
dG=[0.05 1.625 50];
G1=tf(nG,dG);y1=step(G1,t);
r=1;while y1(r)<yss;r=r+1;
end
tr1=(r-1)*0.001;[ymax,tp]=max(y1);
tp1=(tp-1)*0.001;mp1=(ymax-yss)/yss;
s=1001;while y1(s)>1-dta&y1(s)<1+dta;s=s-1;
end
```

```
ts1=(s-1)*0.001;
[tr1 tp1 mp1 ts1]
```

运行程序：

```
ans =
    0.0780    0.1160    0.1523    0.2500
```

即：上升时间 tr1 = 0.0780；峰值时间 tp1 = 0.1160；最大超调量 mp1 = 0.1523；调整时间 ts1 = 0.2500。

【例 6-14】 已知二阶系统传递函数为

$$\Phi(s) = \frac{\omega_n^2}{s^2 + 2\xi\omega_n s + \omega_n^2}$$

当 $\omega_n = 1$ 时，试计算阻尼比 ξ 在 0.1~1 时的二阶系统的阶跃响应，并绘制阶跃响应三维网格曲面图。

解： 输入程序：

```
num=1;
y=zeros(200,1);
i=0;
forbc=[0.1:0.1:1];
    den=[1,2*bc,1];
    t=[0:0.1:19.9];
    sys=tf(num,den);
    i=i+1;
    Y(:,i)=step(sys,t);
end
mesh(Y)
```

运行程序的输出结果如图 6-9 所示。

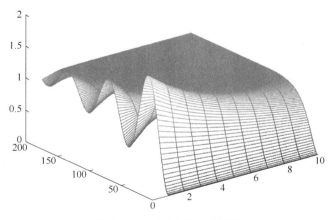

图 6-9　例 6-14 的输出结果

6.5.2　冲激响应

函数：impulse( )
功能：连续系统的单位冲激响应。

格式：[y,x,t] = impulse (num,den)

说明：可以绘制多项式传递函数的冲激响应曲线，其中，num 和 den 分别表示线性系统传递函数的分子、分母多项式系数。

[y,x,t] = impulse (A,B,C,D)

说明：可以得到一组冲激响应曲线，每条曲线对应于连续系统：$\begin{cases} \dot{x} = Ax + Bu \\ y = Cx + Du \end{cases}$ 的输入/输出组合。

[y,x,t] = impulse (A,B,C,D,iu)

说明：可以绘制出第 iu 个输入到所有输出的单位冲激响应曲线。

[y,x,t] = impulse (num,den,t)或者[y,x,t] = impulse (A,B,C,D,iu,t)

说明：可以利用用户指定的矢量 *t* 来绘制单位冲激响应曲线。

特别地，如果对具体的响应值不感兴趣，则可以只利用 impulse() 函数即可在当前图形窗口中绘制出系统的冲激响应曲线，其格式如下：

impulse (num,den)

impulse (A,B,C,D)

impulse (A,B,C,D,iu)

impulse (num,den,t)

impulse (A,B,C,D,iu,t)

对于离散系统，则使用函数 dimpulse()。

【例 6-15】 已知传递函数 $G(s) = \dfrac{50}{0.05s^2 + 20s + 50}$，求系统的单位脉冲响应。

解：输入程序

```
num =[50]
den =[0.05 20 50]
impulse(num,den)
```

输出结果如图 6-10 所示。

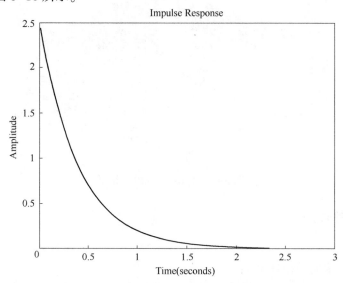

图 6-10　例 6-15 的输出结果

【例 6-16】　系统传递函数为 $G = \dfrac{50}{0.05s^2 + 2.25s + 50}$，求系统在时间常数取不同值时的单位脉冲响应和单位阶跃响应。

解：输入程序：

```
t=[0:0.01:0.8];              % 仿真时间区段
nG=[50];
tao=0;
dG=[0.05 1+50*tao 50];
G1=tf(nG,dG);
tao=0.0125;
dG=[0.05 1+50*tao 50];
G2=tf(nG,dG);
tao=0.025;
dG=[0.05 1+50*tao 50];
G3=tf(nG,dG);
[y1,T]=impulse(G1,t);
[y1a,T]=step(G1,t);
[y2,T]=impulse(G2,t);
[y2a,T]=step(G2,t);
[y3,T]=impulse(G3,t);
[y3a,T]=step(G3,t);           % 系统响应
subplot(121),plot(T,y1,'--',T,y2,'-.',T,y3,'-')
legend('tao=0','tao=0.0125','tao=0.025')
xlabel('t(sec)'),ylabel('x(t)');     % 生成图形
subplot(122),plot(T,y1a,'--',T,y2a,'-.',T,y3a,'-');
legend('tao=0','tao=0.0125','tao=0.025')
xlabel('t(sec)'),ylabel('x(t)');
```

输出结果如图 6-11 所示。

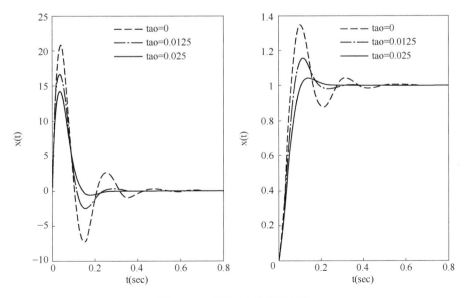

图 6-11　例 6-16 的输出结果

6.5.3　对任意输入的响应

函数：lsim（ ）

功能：连续系统对任意输入的响应。

格式：［y,x,］= lsim（num,den,u,t）

说明：可以绘制多项式传递函数的对任意输入的响应曲线，其中，num 和 den 分别表示线性系统传递函数的分子、分母多项式系数。u 中给出每个输入的时间序列，一般情况下，u 应为矩阵；t 用于指定仿真的时间轴，它为等间隔。

［y,x,］=lsim（A,B,C,D,u,t）

说明：针对函数是以状态方程表示的连续线性系统。

［y,x,］=lsim（A,B,C,D,u,t,x0）

说明：针对给出初始状态 x0 的系统。

对于离散系统，对任意输出的响应应使用函数 dlsim（ ）。

【例 6-17】　二阶系统如下：

$$G(s) = \frac{2s^2 + 6s + 1}{s^2 + 2s + 3}$$

求周期为 4s 的方波输出响应。

解：输入程序：

```
num=[2 6 1];
den=[1 2 3];
[u,t]=gensig('square',4,10,0.1);    % 构造周期为 4s,时间从 0 到 10s 的方波
lsim(num,den,u,t);
title('square ware response')
```

运行程序的输出结果如图 6-12 所示。

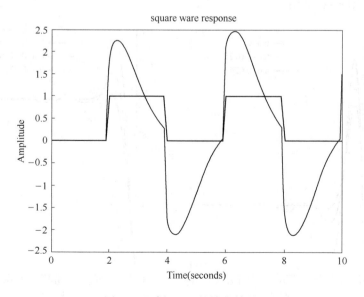

图 6-12　例 6-17 的输出结果

6.6　控制系统的频率响应分析

系统的频率响应就是当输入正弦信号时，线性系统的稳态响应具有随频率（ω 由 0 变至 ∞）而变化的特性。频率响应法的基本思想是：尽管控制系统的输入信号不是正弦函数，而是其他形式的周期函数或非周期函数，但是实际上的周期信号都能满足狄利克莱条件，可以用富氏级数展开为各种谐波分量；而非周期信号也可以使用富氏积分表示为连续的频谱函数。因此，根据控制系统对正弦输入信号的响应，可推算出系统在任意周期信号或非周期信号作用下的运动情况。

对于线性系统，我们把 $\varPhi(j\omega)$ 称为系统的频率特性或频率传递函数。当 ω 由 0 到 ∞ 变化时，$|\varPhi(j\omega)|$ 随频率 ω 的变化特性称为幅频特性，$\angle\varPhi(j\omega)$ 随频率 ω 的变化特性称为相频特性。幅频特性和相频特性结合在一起时称为频率特性。

频率特性函数 $\varPhi(j\omega)$ 的值是一个复数，它的图形表示形式比实函数复杂，频率特性函数有多种图示方法，其中应用最广泛的是对数频率特性图（Bode 图）和极坐标图（Nyquist 图）。MATLAB 提供了很多用于频率特性分析的工具和函数。

常用函数如下：

1. 对数频率特性图（伯德图）

函数：bode( )

功能：连续系统的 Bode 频率响应。

格式：[mag,phase,w]=bode(num,den)

说明：可以绘制多项式传递函数表示的连续时间系统 Bode 图，其中，num 和 den 分别表示线性系统传递函数的分子、分母多项式系数。

[mag,phase,w]=bode(A,B,C,D)

说明：可以绘制状态空间表示的一组连续时间系统 Bode 图。

[mag,phase,w]=bode(A,B,C,D,iu)

说明：可以绘制从系统第 iu 个输入到所有输出的 Bode 图。

[mag,phase,w]=bode(A,B,C,D,iu,w) 或者 [mag,phase,w]=bode(num,den,w)

说明：可以利用指定的频率矢量绘制系统的 Bode 图。

对于离散系统，则使用函数 dbode( )。

2. 极坐标图（奈奎斯特图）

函数：nyquist( )

功能：连续系统的 nyquist 频率响应。

格式：[re,im,w]= nyquist (num,den)

说明：可以绘制多项式传递函数表示的连续时间系统 nyquist 图，其中，num 和 den 分别表示线性系统传递函数的分子、分母多项式系数。

[re,im,w]= nyquist (A,B,C,D)

说明：可以绘制状态空间表示的一组连续时间系统 nyquist 图。

[re,im,w]= nyquist (A,B,C,D,iu)

说明：可以绘制从系统第 iu 个输入到所有输出的 nyquist 图。

[re,im,w] = nyquist (A,B,C,D,iu,w)或者[re,im,w] = nyquist (num,den,w)

说明：可以利用指定的频率矢量绘制系统的奈奎斯特图。

对于离散系统，则使用函数 dnyquist( )。

【例 6-18】　利用 nyquist( ) 函数绘制 $G(s) = \dfrac{24(0.25s + 0.5)}{(5s + 2)(0.05s + 2)}$ 系统的奈奎斯特图。

解：MATLAB 程序如下：

```
k = 24,nunG1 = k * [0.25 0.5];      % 对数进行定义
denG1 = conv([5 2],[0.05 2]);      % 矩阵相乘
[re,im] = nyquist(nunG1,denG1);
plot(re,im);grid
```

运行结果如图 6-13 所示。

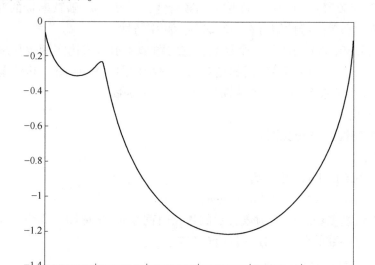

图 6-13　例 6-18 的输出结果

【例 6-19】　利用伯德函数绘制 $G(s) = \dfrac{24(0.25s + 0.5)}{(5s + 2)(0.05s + 2)}$ 系统的伯德图。

解：MATLAB 程序如下：

```
k = 24;nunG1 = k * [0.25 0.5];
denG1 = conv([5 2],[0.05 2]);
w = logspace(-2,3,100);
bode(nunG1,denG1,w);
```

运行程序，得到图 6-14。

【例 6-20】　假定有模型 $G_1 = \dfrac{s + 2}{2s^2 + 3s + 5}$，$G_2 = \dfrac{2}{s + 1}$，试求 G_1 与 G_2 串联、并联及其负反馈模型，并绘制 G_1、G_2 串联的 Nyquist 图。

解：MATLAB 程序如下：

```
sys1 = tf([1,2],[2,3,5]);
sys2 = tf([2],[1,1]);
```

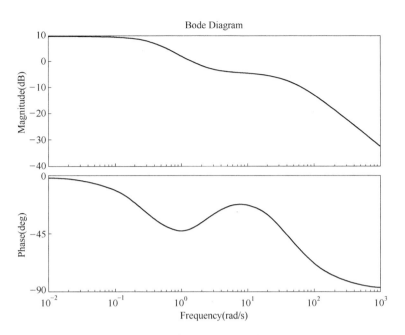

图 6-14　例 6-19 的输出结果

```
s3 = series( sys1,sys2);
s4 = parallel( sys1,sys2);
s5 = feedback( sys1,sys2,-1);
nyquist(s3);
```

运行程序结果：

```
s3 =
          2 s + 4
    ----------------------
    2 s^3 + 5 s^2 + 8 s + 5
s4 =
      5 s^2 + 9 s + 12
    ----------------------
    2 s^3 + 5 s^2 + 8 s + 5
s5 =
       s^2 + 3 s + 2
    ----------------------
    2 s^3 + 5 s^2 + 10 s + 9
```

输出结果如图 6-15 所示。

【例 6-21】　绘制 $G(s) = \dfrac{3(0.5s + 1)}{(2.5s + 1)(0.025s + 1)}$ 系统的 Nyquist 和 Bode 图。

解：MATLAB 程序如下：

```
k = 3;
num = [0.5 1];
den = conv([2.5 1],[0.025 1]);
```

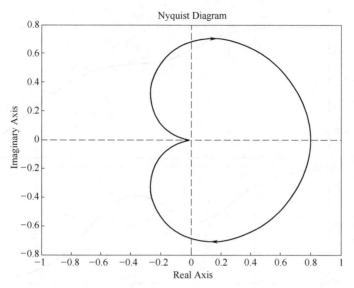

图 6-15　例 6-20 的输出结果

```
w=logspace(-2,3,100);
subplot(1,2,1);
bode(num,den,w);grid on;
subplot(1,2,2);
[re,im]=nyquist(num,den);
plot(re,im);
grid on
```

运行程序的输出结果如图 6-16 所示。

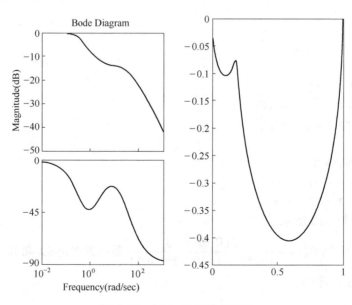

图 6-16　例 6-21 的输出结果

本 章 小 结

　　本章借助 MATLAB 的控制系统工具箱介绍了经典自动控制系统的时域分析、轨迹分析、频域分析的相关方法，并且利用这些工具进一步分析了自动控制系统的稳定性。通过学习本章内容，可以掌握利用 MATLAB 进行经典控制系统分析的基本技巧。

第7章　MATLAB 在液压系统设计中的应用

【本章导读】

本章首先简要介绍液压伺服控制系统的组成和分类方式，然后以液压传动典型例题的形式介绍 MATLAB 软件在液压系统参数计算中的应用。MATLAB 软件和 Simulink 模块中也可加装针对液压系统参数优化开发的相应工具包，读者可参考相关专业书籍查阅其使用方法。

【本章要点】

（1）熟悉液压系统的参数计算；

（2）掌握用 MATLAB 软件编写简单程序，解决液压系统参数计算中数学问题的方法。

7.1　液压伺服控制系统简介

液压伺服系统的输出量，如位移、速度或力等，能自动、快速而准确地跟随输入量的变化而变化，与此同时，输出功率被大幅度地放大。液压伺服系统以其响应速度快、负载刚度大、控制功率大等独特的优点在工业控制中得到了广泛的应用。

液压伺服控制是以（静）液压控制与换能元件为主要控制元件构建的伺服控制，如图7-1 所示。液压控制与换能元件通常是指液压控制阀、控制用液压泵等。液压伺服控制是复杂的液压控制方式，液压伺服控制系统是一种闭环液压控制系统。液压伺服控制在重载、高性能、高功率密度等场合具有明显优势。这种优势使其与机电控制技术、气动控制技术在应用范围上形成互补格局。因而，液压伺服控制的应用很广泛。

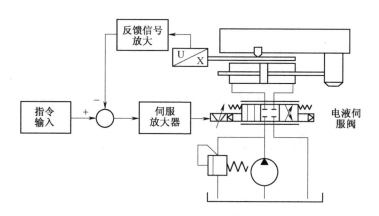

图 7-1　液压伺服控制系统

闭环液压控制系统不仅存在控制器对被控对象的前向控制作用，还存在被控对象对控制器的反馈作用，如图7-2 所示。

按照不同的分类标准，液压伺服控制系统可如下分类：

（1）按照控制系统完成的任务的不同分类。按照控制系统完成的任务类型，液压控制

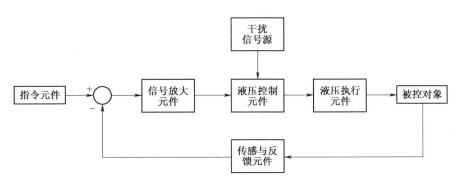

图 7-2　闭环液压控制系统方框图

系统可以分为液压伺服控制系统和液压调节控制系统。

（2）按照控制系统各组成元件的线性情况的不同分类。按照控制系统是否包含非线性组成元件，液压控制系统可以分为线性系统和非线性系统。

（3）按照控制系统各组成元件中控制信号的连续情况的不同分类。按照控制系统中控制信号是否均为连续信号，液压控制系统可以分为连续系统和离散系统。

（4）按照被控物理量的不同分类。按照被控物理量不同，液压反馈控制系统可以分为位置控制系统、速度控制系统、力控制系统和其他物理量控制系统。

（5）按照液压控制元件或控制方式的不同分类。按照液压控制元件类型或控制方式不同，液压反馈控制系统可以分为阀控系统（节流控制方式）和泵控系统（容积控制方式）。

进一步按照液压执行元件分类，阀控系统可分为阀控液压缸系统和阀控液压马达系统；泵控系统可分为泵控液压缸系统和泵控液压马达系统。

（6）按照信号传递介质的不同分类。按照控制信号传递介质不同，液压控制系统可分为机械液压控制系统、电气液压控制系统等。

7.2　MATLAB 在液压系统参数计算中的应用

【例 7-1】　如图 7-3 所示，液压缸直径 $D = 150$ mm，柱塞直径 $d = 100$ mm，负载 $F = 5×10^4$ N。若不计液压油自重及活塞或缸体重量，试求图示两种情况下液压缸内的液体压力是多少？

解：（1）建模。

两种情况下柱塞有效作用面积相等，即：

$$A = \frac{\pi d^2}{4}$$

则其压力：

$$p = \frac{4F}{\pi d^2}$$

（2）MATLAB 编程实现，程序如下：

```
clear; close all;clc;
F=50000; d=0.1;    % 参数赋值
```

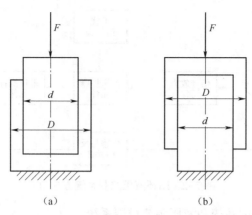

图 7-3　例 7-1 图

```
p=4*F/(pi*d*d)
```

（3）MATLAB 程序运行结果：

```
p =
   6.3662e+06
```

即在这两种情况下液体压力均等于 6.37 MPa。

【例 7-2】　如图 7-4 所示的压力阀，当 $p_1 = 6$ MPa 时，液压阀动作。若 $d_1 = 10$ mm，$d_2 = 15$ mm，$p_2 = 0.5$ MPa，试求：（1）弹簧的预压力 F_s；（2）当弹簧刚度 $k = 10$ N/mm 时的弹簧预压缩量 x_0（忽略钢球重量的影响）。

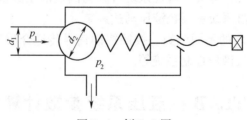

图 7-4　例 7-2 图

解：（1）建模。

① $F_s + p_2 \dfrac{\pi}{4} d_1^2 = p_1 \dfrac{\pi}{4} d_1^2$

$F_s = (p_1 - p_2) \dfrac{\pi}{4} d_1^2$

② $x_0 = \dfrac{F_s}{k} = \dfrac{431.75}{10 \times 10^3}$

（2）MATLAB 编程实现，程序如下：

```
clear; close all;clc;
p1=6000000;p2=500000;d1=0.01;    %参数赋值
Fs=(p1-p2)*pi*d1*d1/4
k=10000;
x0=Fs/k
```

（3）MATLAB 程序运行结果：

```
Fs =
    431.9690
x0 =
    0.0432
```

即弹簧的预压力 F_s 为 432 N，预压缩量 x_0 为 43.2 mm。

【例 7-3】　定量叶片泵转速为 1500 r/min，在输出压力为 6.3 MPa 时，输出流量为 53 L/min，这时实测液压泵轴消耗功率为 7 kW，当泵空载卸荷运转时，输出流量为 56 L/min，求：①该泵的容积效率是多少？②该泵的总效率是多少？

解：（1）建模。

① 液压泵的容积效率为

$$\eta_V = \frac{q}{q_t}$$

② 液压泵的输出功率为

$$P_o = pq = \frac{6.3 \times 10^6 \times 53 \times 10^{-3}}{60}(\text{W}) = \frac{6.3 \times 10^6 \times 53 \times 10^{-3}}{60} \times 10^{-3}(\text{kW})$$

则该泵的总效率为

$$\eta = \frac{P_o}{P_i}$$

（2）MATLAB 编程实现，程序如下：

```
clear; close all;clc;
q=53;qt=56;
yv=q/qt
P0=6.3*1000000*53*0.001*0.001/60;P1=7;
y=P0/P1
```

（3）MATLAB 程序运行结果：

```
yv =
    0.9464
y =
    0.7950
```

即该泵的容积效率为 0.95；该泵的总效率为 0.795。

【例 7-4】　已知单杆液压缸缸筒直径 $D = 50$ mm，活塞杆直径 $d = 35$ mm，泵供油流量为 $q = 10$ L/min，试求：①液压缸差动连接时的运动速度；②若缸在差动阶段所能克服的外负载 $F = 1\ 000$ N，缸内油液压力有多大（不计管内压力损失）？

解：（1）建模。

① $V = \dfrac{q}{\dfrac{\pi}{4}d^2}$

② $p = \dfrac{F}{\dfrac{\pi}{4}d^2}$

（2）MATLAB 编程实现，程序如下：

```
clear; close all;clc;
q=0.01/60;d=0.035;
v=q/(d*d*pi/4)
F=1000;
p=F/(d*d*pi/4)
```

（3）MATLAB 程序运行结果：

```
v =
    0.1732
p =
    1.0394e+06
```

即液压缸差动连接时的运动速度是 0.17 m/s；若缸在差动阶段所能克服的外负载 $F=1000$ N 时，缸内油液压力是 1.04 MPa。

【例 7-5】 液压系统最高和最低工作压力各是 7 MPa 和 5.6 MPa。其执行元件每隔30 s 需要供油一次，每次输油 1 L，时间为 0.5 s。若用液压泵供油，该泵应有多大流量？若改用气囊式蓄能器（充气压力为 5 MPa）完成此工作，则蓄能器应有多大容量？向蓄能器充液的泵应有多大流量？

解：（1）建模。

$$q_{\text{泵}} = \frac{1}{0.5} \times 60 \ (\text{L/min})$$

$$n = 1.4 \ , \ V_0 = \frac{\Delta V \left(\dfrac{p_2}{p_0}\right)^{\frac{1}{n}}}{1 - \left(\dfrac{p_2}{p_1}\right)^{\frac{1}{n}}} = \frac{1 \times \left(\dfrac{5.6}{5}\right)^{\frac{1}{1.4}}}{1 - \left(\dfrac{5.6}{7}\right)^{\frac{1}{1.4}}} \ (\text{L})$$

$$q_{\text{蓄}} = \frac{1}{30} \times 60 \ (\text{L/min})$$

（2）MATLAB 编程实现，程序如下：

```
clear; close all;clc;
qb=1*60/0.5
V0=1*(5.6/5)^(1/1.4)/(1-(5.6/7)^(1/1.4))
qx=1*60/30
```

（3）MATLAB 程序运行结果：

```
qb =
120
V0 =
    7.3595
qx =
    2
```

即：若用液压泵供油，该泵的流量是 120 L/min；若改用气囊式蓄能器（充气压力为 5 MPa）完成此工作，则蓄能器的容量是 7.36 L，向蓄能器充液的泵的流量是 2 L/min。

【**例 7-6**】　如图 7-5 所示变量泵-定量马达系统中，已知液压马达的排量 $q_m = 120$ cm^3/r，液压泵的排量 $q_p = $ 10~50 cm^3/r，转速 $n_p = 1200$ r/min，安全阀的调定压力 $p_y = 100×10^5$ Pa，设泵和马达的容积效率和机械效率均为 100%，试求：

（1）马达的最大输出转矩 M_{max}。

（2）最大输出功率 N_{max} 及调速范围。

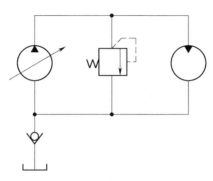

图 7-5　例 7-6 图

解：（1）建模。

$$M_{max} = \frac{\Delta p \cdot V_M}{2\pi} = \frac{p_y q_m}{2\pi} \eta$$

$$N_{max} = 2\pi T_{max} \cdot n_{max} = p_y n_p q_p$$

调速范围：

$$i = \frac{n_{max}}{n_{min}}$$

（2）MATLAB 编程实现，程序如下：

```
clear; close all;clc;
py=10000000;qm=0.00012;
Mmax=py*qm*1/2/pi
np=1200/60;qp=0.00005;
Nmax=py*np*qp
i=(1200*50/120)/(1200*10/120)
```

（3）MATLAB 程序运行结果：

```
Mmax =
    190.9859
Nmax =
    10000
i =
    5
```

即马达的最大输出转矩 M_{max} 为 190.99 N·m，最大输出功率 N_{max} 为 10 kW，调速范围为 5。

本 章 小 结

本章首先简要介绍了液压伺服控制系统的组成和分类方式，对液压伺服控制系统分别按照控制系统完成的任务、控制系统各组成元件的线性情况、控制系统各组成元件中控制信号的连续情况、被控物理量、液压控制元件或控制方式和信号传递介质进行分类。

在本章 7.2 节中选取了液压泵、液压阀等典型液压元件的计算例题，用 MATLAB 软件编写简单程序解决液压系统参数计算中的数学问题，提高解题效率，并为更深层次的 MATLAB 软件在液压系统参数优化中的应用打下基础。

第 8 章 MATLAB 在机电一体化系统设计中的应用

【本章导读】

本章首先介绍 MATLAB 在 PUMA560 机器人运动仿真中的应用，对该型机器人进行正、逆运动学推导，然后通过 MATLAB 编程得出该型机器人的工作空间；8.2 节介绍基于 MATLAB 的机电动力系统建模与仿真，针对某一典型的机电耦合系统进行了具体分析。MATLAB 软件和 Simulink 模块中也可加装针对机器人系统或机电动力系统参数优化开发的相应工具包，读者可参考相关专业书籍查阅其使用方法。

【本章要点】

（1）熟悉 PUMA560 机器人的正、逆运动学推导；

（2）掌握使用 MATLAB 软件编写程序解算 PUMA560 机器人工作空间的方法；

（3）了解使用 MATLAB 软件对机电动力系统进行建模与仿真。

8.1 MATLAB 在 PUMA560 机器人运动仿真中的应用

PUMA560 机器人（PUMA 代表 Programmable Universal Manipulator for Assembly，即用于装配的可编程通用机械臂）是世界上第一款现代工业机器人。其于 1978 年正式推出，并从此闻名于世。它的特色包括拟人化的设计、电动机和一个球形的手腕，是后续其他机器人的原型。大多数现代的六轴工业机器人在结构上都非常相似，运动学上只需简单地改变 D-H 参数就能通用。

本节以 PUMA560 机器人为例，首先对机器人的运动学进行分析，然后利用 MATLAB 软件绘制机器人的工作空间。PUMA560 机器人由六自由度旋转关节构成。参照人体结构，机器人的第一个关节（J1）通常称为腰关节，第二个关节（J2）通常称为肩关节，第三个关节（J3）通常称为肘关节，关节轴线为 J4、J5、J6 的关节通常统称为腕关节。其中前三个关节确定手腕参考点位置，后三个关节确定手腕的方位。关节 J1 的轴线为铅垂方向，关节 J2、J3 的轴线方向水平且平行，距离为 a_3。关节 J1、J2 轴线垂直相交，关节 J3、J4 轴线垂直交错，距离为 a_4。后三个关节的轴线相交于一点，该点也选作坐标系 $\{4\}$、$\{5\}$、$\{6\}$ 的原点。

建立 PUMA560 机器人的坐标系，如图 8-1 所示。

D-H 参数表：PUMA 机器人的杆件参数，见表 8-1。$d_1 = 0.6604$ m，$d_2 = 0.14909$ m，$d_4 = 0.43307$ m，$d_6 = 0.05625$ m，$a_2 = 0.4318$ m，$a_3 = 0.02032$ m。

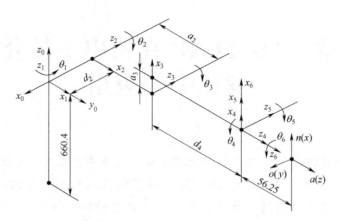

图 8-1　PUMA560 机器人的坐标系

表 8-1　PUMA 机器人的杆件参数

关节 i	θ_i	α_i	a_{i-1}	d_i	运动范围
1	90	0	0	0	$-160° \sim 160°$
2	0	-90	0	$d_2 = 0.149\,09$ m	$-225° \sim 45°$
3	-90	0	$a_2 = 0.431\,8$ m	0	$-45° \sim 225°$
4	0	-90	$a_3 = 0.020\,32$ m	$d_4 = 0.433\,07$ m	$-110° \sim 170°$
5	0	90	0	0	$-100° \sim 100°$
6	0	-90	0	$d_6 = 0.056\,25$ m	$-266° \sim 266°$

1. 正运动学推导

由式

$$^{i-1}T_i = \begin{bmatrix} c\theta_i & -s\theta_i & 0 & a_{i-1} \\ s\theta_i c\alpha_{i-1} & c\theta_i c\alpha_{i-1} & -s\alpha_{i-1} & -d_i s\alpha_{i-1} \\ s\theta_i s\alpha_{i-1} & c\theta_i s\alpha_{i-1} & c\alpha_{i-1} & d_i c\alpha_{i-1} \\ 0 & 0 & 0 & 1 \end{bmatrix}$$

可得

$$^{0}T_1 = \begin{bmatrix} c_1 & -s_1 & 0 & 0 \\ s_1 & c_1 & 0 & 0 \\ 0 & 0 & 1 & 0 \\ 0 & 0 & 0 & 1 \end{bmatrix} \qquad ^{1}T_2 = \begin{bmatrix} c_2 & -s_2 & 0 & 0 \\ 0 & 0 & 1 & d_2 \\ -s_2 & -c_2 & 0 & 0 \\ 0 & 0 & 0 & 1 \end{bmatrix} \qquad ^{2}T_3 = \begin{bmatrix} c_3 & -s_3 & 0 & a_2 \\ s_3 & c_3 & 0 & 0 \\ 0 & 0 & 1 & 0 \\ 0 & 0 & 0 & 1 \end{bmatrix}$$

$$^{3}T_4 = \begin{bmatrix} c_4 & -s_4 & 0 & a_3 \\ 0 & 0 & 1 & d_4 \\ -s_4 & -c_4 & 0 & 0 \\ 0 & 0 & 0 & 1 \end{bmatrix} \qquad ^{4}T_5 = \begin{bmatrix} c_5 & -s_5 & 0 & 0 \\ 0 & 0 & -1 & 0 \\ s_5 & c_5 & 0 & 0 \\ 0 & 0 & 0 & 1 \end{bmatrix} \qquad ^{5}T_6 = \begin{bmatrix} c_6 & -s_6 & 0 & 0 \\ 0 & 0 & 1 & 0 \\ -s_6 & -c_6 & 0 & 0 \\ 0 & 0 & 0 & 1 \end{bmatrix}$$

$$^{0}T_6 = {}^{0}T_1 {}^{1}T_2 {}^{2}T_3 {}^{3}T_4 {}^{4}T_5 {}^{5}T_6$$

则机械手的变换矩阵为

$$^0T_6 = \begin{bmatrix} n_x & o_x & a_x & p_x \\ n_y & o_y & a_y & p_y \\ n_z & o_z & a_z & p_z \\ 0 & 0 & 0 & 1 \end{bmatrix}$$

其中

$$n_x = c_{23}(c_6 c_5 c_4 c_1 - s_6 s_4 c_1) - s_{23} c_6 s_5 c_1 + c_6 c_5 s_4 s_1 + s_6 c_4 s_1$$

$$n_y = c_{23}(c_6 c_5 c_4 s_1 - s_6 s_4 s_1) - s_{23} c_6 s_5 s_1 - c_6 c_5 s_4 c_1 - s_6 c_4 c_1$$

$$n_z = -s_{23}(c_6 c_5 c_4 - s_6 s_4) - c_{23} c_6 s_5$$

$$o_x = -c_{23}(s_6 c_5 c_4 c_1 + c_6 s_4 c_1) + s_{23} s_6 s_5 c_1 - s_6 c_5 s_4 s_1 + c_6 c_4 s_1$$

$$o_y = -c_{23}(s_6 c_5 c_4 s_1 + c_6 s_4 s_1) + s_{23} s_6 s_5 s_1 + s_6 s_4 c_5 c_1 - c_6 c_4 c_1$$

$$o_z = s_{23}(s_6 c_5 c_4 + c_6 s_4) + c_{23} c_6 s_5$$

$$a_x = -c_{23} s_5 c_4 c_1 - s_{23} c_5 c_1 - s_5 s_4 s_1$$

$$a_y = -c_{23} s_5 c_4 s_1 - s_{23} c_5 s_1 + s_5 s_4 c_1$$

$$a_z = -c_{23} c_5 + s_{23} s_5 c_4$$

$$p_x = a_3 c_{23} c_1 + a_2 c_2 c_1 - d_4 s_{23} c_1 - d_2 s_1$$

$$p_y = a_3 c_{23} s_1 + a_2 c_2 s_1 - d_4 s_{23} s_1 + d_2 c_1$$

$$p_z = -d_4 c_{23} - a_3 s_{23} - a_2 s_2$$

2. 逆运动学推导

（1）求解 θ_1。用逆变换 $^0T_1{}^{-1}$ 左乘矩阵方程 $^0T_6$ 两边：

$$^0T_1^{-1}\, ^0T_6 = {}^1T_2\, ^2T_3\, ^3T_4\, ^4T_5\, ^5T_6$$

$$\begin{bmatrix} c_1 & s_1 & 0 & 0 \\ -s_1 & c_1 & 0 & 0 \\ 0 & 0 & 1 & 0 \\ 0 & 0 & 0 & 1 \end{bmatrix} \begin{bmatrix} n_x & o_x & a_x & p_x \\ n_y & o_y & a_y & p_y \\ n_z & o_z & a_z & p_z \\ 0 & 0 & 0 & 1 \end{bmatrix} = {}^1T_6$$

得到

$$-s_1 p_x + c_1 p_y = d_2$$

由三角代换

$$p_x = \rho \cos\varphi, \quad p_y = \rho \sin\varphi$$

其中

$$\rho = \sqrt{p_x^2 + p_y^2}, \quad \varphi = \mathrm{atan}\,2(p_x, p_y)$$

得到 θ_1 的解

$$\theta_1 = \mathrm{atan}2(p_y, p_x) - \mathrm{atan}2(d_2, \pm\sqrt{p_x^2 + p_y^2 - d_2^2})$$

（2）求解 θ_3。矩阵方程两端的元素（1，4）和（2，4）分别对应相等

$$\begin{cases} c_1 p_x + s_1 p_y = a_3 c_{23} + a_2 c_2 - d_4 s_{23} \\ -p_z = d_4 c_{23} + a_3 s_{23} + a_2 s_2 \end{cases}$$

平方和为：

$$d_4 s_3 + a_3 c_3 = k$$

其中

$$k = \frac{p_x^2 + p_y^2 + p_z^2 - d_2^2 - d_4^2 - a_2^2 - a_3^2}{2a_2}$$

解得：

$$\theta_3 = \text{atan2}(a_3, d_4) - \text{atan2}(k, \pm\sqrt{d_4^2 + a_3^2 - k^2})$$

（3）求解 θ_2。在矩阵方程 ${}^0T_6$ 两边左乘逆变换 ${}^0T_3^{-1}$。

$${}^0T_3^{-1}\,{}^0T_6 = {}^3T_4\,{}^4T_5\,{}^5T_6$$

$$\begin{bmatrix} c_1 c_{23} & s_1 c_{23} & -s_{23} & -a_2 c_3 \\ -c_1 s_{23} & -s_1 s_{23} & -c_{23} & a_2 s_3 \\ -s_1 & c_1 & 0 & -d_2 \\ 0 & 0 & 0 & 1 \end{bmatrix} \begin{bmatrix} n_x & o_x & a_x & p_x \\ n_y & o_y & a_y & p_y \\ n_z & o_z & a_z & p_z \\ 0 & 0 & 0 & 1 \end{bmatrix} = {}^3T_6$$

方程两边的元素（1，4）和（3，4）分别对应相等，得

$$\begin{cases} c_1 c_{23} p_x + s_1 c_{23} p_y - s_{23} p_z - a_3 - a_2 c_3 = 0 \\ c_1 s_{23} p_x + s_1 s_{23} p_y + c_{23} p_z - a_2 s_3 + d_4 = 0 \end{cases}$$

联立，得 s_2 和 c_{23}

$$\begin{cases} s_{23} = \dfrac{(a_2 s_3 - d_4)(c_1 p_x + s_1 p_y) - p_z(a_2 c_3 + a_3)}{(p_x c_1 + p_y s_1)^2 + p_z^2} \\[4mm] c_{23} = \dfrac{(a_2 c_3 + a_3)(c_1 p_x + s_1 p_y) + p_z(a_2 s_3 - d_4)}{(p_x c_1 + p_y s_1)^2 + p_z^2} \end{cases}$$

s_{23} 和 c_{23} 表达式的分母相等且为正，于是

$$\theta_{23} = \theta_2 + \theta_3 = \text{atan2}[(a_2 s_3 - d_4)(c_1 p_x + s_1 p_y) - p_z(a_2 c_3 + a_3),$$
$$(a_2 c_3 + a_3)(c_1 p_x + s_1 p_y) + p_z(a_2 s_3 - d_4)]$$

根据解 θ_1 和 θ_3 的四种可能组合，可以得到相应的四种可能值 θ_{23}，于是可得到 θ_2 的四种可能解

$$\theta_2 = \theta_{23} - \theta_3$$

式中，θ_2 取与 θ_3 相对应的值。

（4）求解 θ_4。令两边元素（1，3）和（2，3）分别对应相等，则可得

$$\begin{cases} c_1 c_{23} a_x + s_1 c_{23} a_y - s_{23} a_z = -c_4 s_5 \\ -s_1 a_x + c_1 a_y = s_4 s_5 \end{cases}$$

只要 $s_5 \neq 0$，便可求出 θ_4

$$\theta_4 = \text{atan2}(-s_1 a_x + c_1 a_y, c_1 c_{23} a_x - s_1 c_{23} a_y + s_{23} a_z)$$

当 $s_5 = 0$ 时，机械手处于奇异形位。

（5）求解 θ_5。

$${}^0T_4^{-1}\,{}^0T_6 = {}^4T_5\,{}^5T_6$$

$$\begin{bmatrix} c_1c_4c_{23} + s_1s_4 & s_1c_4c_{23} - c_1s_4 & -s_{23}c_4 & -c_3c_4a_2 + d_2s_4 - c_4a_3 \\ -s_4c_1c_{23} + s_1c_4 & -s_4s_1c_{23} - c_1c_4 & s_{23}s_4 & c_3s_4a_2 + d_2c_4 + s_4a_3 \\ -c_1s_{23} & -s_1s_{23} & -c_{23} & s_3a_2 + d_4 \\ 0 & 0 & 0 & 1 \end{bmatrix} \begin{bmatrix} n_x & o_x & a_x & p_x \\ n_y & o_y & a_y & p_y \\ n_z & o_z & a_z & p_z \\ 0 & 0 & 0 & 1 \end{bmatrix} = {}^4T_6$$

根据矩阵两边元素（1，3）和（2，3）分别对应相等，可得

$$\begin{cases} a_z s_{23} c_4 - a_x(c_1c_4c_{23} + s_1s_4) - a_y(s_1c_4c_{23} - c_1s_4) = s_5 \\ -a_x c_1 s_{23} - a_y s_{23} s_1 - a_z c_{23} = c_5 \end{cases}$$

$$\theta_5 = \mathrm{atan2}(a_z s_{23} c_4 - a_x(c_1c_4c_{23} + s_1s_4) - a_y(s_1c_4c_{23} - c_1s_4), \ -a_x c_1 s_{23} - a_y s_{23} s_1 - a_z c_{23})$$

（6）求解 θ_6。

$${}^0T_5^{-1} \ {}^0T_6 = {}^5T_6$$

根据矩阵两边元素（2，1）和（1，1）分别对应相等，可得

$$\begin{cases} -n_x(c_1s_4c_{23} - s_1c_4) - n_y(s_4s_1c_{23} + c_1c_4) + n_z s_{23}s_4 = s_6 \\ n_x(c_1c_4c_5c_{23} + s_1c_5s_4 - c_1s_5s_{23}) + n_y(c_4s_1c_5c_{23} - s_1s_5s_{23} - s_4c_1c_5) - n_z(s_5c_{23} + c_4s_5s_{23}) = c_6 \end{cases}$$

从而求得

$$\theta_6 = \mathrm{atan2}(s_6, \ c_6)$$

3. MATLAB 编程得出工作空间

可以将连杆 6 的原点作为机器人的动点，连杆 6 原点相对于坐标系 0 就是 ${}^0T_6$ 的 p_x、p_y、p_z，已知：

$$p_x = a_3 c_{23} c_1 + a_2 c_2 c_1 - d_4 s_{23} c_1 - d_2 s_1$$
$$p_y = a_3 c_{23} s_1 + a_2 c_2 s_1 - d_4 s_{23} s_1 + d_2 c_1$$
$$p_z = -d_4 c_{23} - a_3 s_{23} - a_2 s_2$$

MATLAB 程序如下：

```
clc,clear
length2=431.8;length3=20.32;
d2=149.09;d4=433.07;
a=pi/180;
for a1=-160*a:20*a:160*a
    for a2=-225*a:20*a:45*a
        a3=-45*a:20*a:225*a
        for k=1:length(a3)
            px(k)=cos(a1)*(length2*cos(a2)+length3*cos(a2+a3(k))-d4*
                sin(a2+a3(k)))-d2*sin(a1)
            py(k)=sin(a1)*(length2*cos(a2)+length3*cos(a2+a3(k))-d4*
                sin(a2+a3(k)))+d2*cos(a1)
            pz(k)=-a3(k)*sin(a2+a3(k))-length2*sin(a2)-d4*cos(a2+a3(k))
        end
        plot3(px,py,pz),title('机器人的工作空间'),xlabel('x mm'),ylabel('y mm'),
```

```
        zlabel('z mm')
        hold on
        grid on
    end
end
```

运行程序，结果如图 8-7 所示。

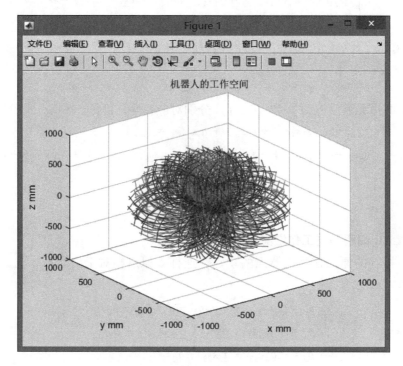

图 8-2   机器人的工作空间

8.2   基于 MATLAB 的机电动力系统建模与仿真

机械动力学系统与电气系统在很多地方有相同的数学模型，在工程实际问题中常常同时伴随着机械元件和电器元件出现在同一个系统中，这样便产生了机电耦合系统。机电耦合系统是机械过程与电磁过程相互作用、相互联系的系统，它的主要特征是机械能与电磁能的转换现象普遍存在于各类机电系统中，任何机电耦合系统都是由机械系统、电磁系统和联系二者的耦合电磁场组成。通常机电耦合系统的频率和运动速度较低，因而电磁辐射可以忽略不计。但当频率或速度提高到一定程度时，电磁辐射的作用就不能再被忽略，在对系统进行动力学分析时，需要考虑系统中存在的各种机电耦合关系；在研究机电耦合效应时，建立耦合动力学方程就成为机电系统动力学建模、动态设计与分析、工况监测与预报、故障诊断过程中必须解决的关键问题。

1. 数学模型的建立

以直流伺服电动机为例（见图 8-3），建立主轴系统的机电耦合动力学模型。

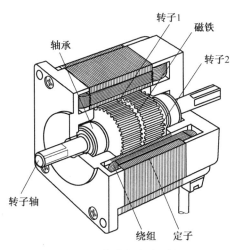

图 8-3　直流伺服电动机

基本原理：直流伺服电机是由定子和转子构成，定子中有励磁线圈提供磁场，转子中有电枢线圈，在一定磁场力的作用下，通过改变电枢线圈的电流可以改变电机的转速，图 8-4 所示为直流伺服电机的原理图。

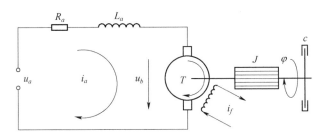

图 8-4　直流伺服电机的原理图

主要的技术参数：R_a 为电枢电阻，L_a 为电枢电感，u_a 为电枢外电压，u_b 为电枢电动势，i_f 为励磁电流，i_a 为电枢电流，T 为电机转矩，J 为电机转子转动惯量，c 为电机和负载的黏性阻尼系数。

系统模型：电动机的转矩 T 与电枢电流 i_a 和气隙磁通量 ψ 成正比，而磁通量 ψ 与励磁电流 i_f 成正比，即：$T = k_l i_a \psi$，$\psi = k_f i_f$，其中，k_l 是励磁系数，k_f 是磁通系数。

电机驱动力矩为：$T = k_l k_f i_a i_f$，在励磁电流等于常数的情况下，电机的驱动力矩与电枢电流成正比，即：$T = K \cdot i_a$，这里 K 为常数。

当电机转动时，在电枢中会产生反向磁感电动势，磁感电动势的大小与转子的转动角速度成正比，即：

$$u_b = k_b \frac{\mathrm{d}\varphi}{\mathrm{d}t} \tag{8-1}$$

这里 k_b 是反向电动势常数。根据回路定律，可以得到电枢电路的微分方程为：

$$L_a \frac{\mathrm{d}i_a}{\mathrm{d}t} + R_a i_a + u_b = u_a \tag{8-2}$$

转子的动力学方程为：

$$J \frac{\mathrm{d}^2\varphi}{\mathrm{d}t^2} + c \frac{\mathrm{d}\varphi}{\mathrm{d}t} = T = Ki_a \tag{8-3}$$

控制部分：位置控制系统（见图 8-5）。

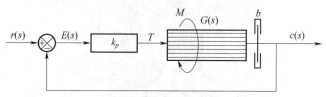

图 8-5   位置控制系统

假定转子在旋转过程中受到摩擦轮带来的阻力矩 $M_b = -b\dot{c}(t)$，b 是阻尼系数。

转子系统的动力学方程为：

$$J\ddot{c}(t) + b\dot{c}(t) = T(t)$$

在零初始条件下负载元件的传递函数：

$$G(s) = \frac{1}{s(Js + b)}$$

容易得到闭环控制系统的动力学方程为：

$$J\ddot{c}(t) + b\dot{c}(t) = k_p(r(t) - c(t))$$

$$J\ddot{c}(t) + b\dot{c}(t) + k_p c(t) = k_p \cdot r(t)$$

这样可以得到闭环控制系统的传递函数为：

$$H(s) = \frac{c(s)}{r(s)} = \frac{k_p}{Js^2 + bs + k_p} = \frac{k_p/J}{s^2 + (b/J)s + k_p/J} = \frac{\omega_n^2}{s^2 + 2\xi\omega_n s + \omega_n^2}$$

其中，$\omega_n = \sqrt{k_p/J}$ 为系统的无阻尼固有频率；$\xi = \dfrac{b}{2\sqrt{Jk_p}}$ 为系统的阻尼比。

2. 理论推导

通过联立求解上面的电学方程和力学方程，可以得到系统的输入电压和输出转角的关系。为了得到方程的解，可以求出系统的传递函数来得到，对式（8-1）~式（8-3）取拉普拉斯变换，得

$$u_b(s) = s \cdot k_b \varphi(s) \tag{8-4}$$

$$L_a s \cdot i(s) + R_a i(s) + u_b(s) = u_a(s) \tag{8-5}$$

$$Js^2\varphi(s) + cs \cdot \varphi(s) = Ki(s) \tag{8-6}$$

将式（8-4）代入到式（8-5）

$$L_a s \cdot i(s) + R_a i(s) + s \cdot k_b \varphi(s) = u_a(s)$$

从该式解出：

$$i(s) = \frac{u_a(s) - s \cdot k_b \varphi(s)}{L_a s + R_a}$$

代入到（8-6）中有：

$$Js^2\varphi(s) + cs \cdot \varphi(s) = K \frac{u_a(s) - s \cdot k_b \varphi(s)}{L_a s + R_a}$$

系统的传递函数为：

$$H(s) = \frac{\varphi(s)}{u_a(s)} = \frac{K}{(sL_a + R_a)(Js^2 + cs) - sKk_b} = \frac{K}{s[s^2 JL_a + s^1(JR_a + cL_a) + R_a c + Kk_b]}$$

$$(8-7)$$

通过控制电枢的输入电压可以控制系统的输出转角。通常电路中的电感 L_a 一般很小，并可以忽略时，则系统的传递函数可以简化为：

$$H(s) = \frac{\varphi(s)}{u_a(s)} = \frac{K}{s^2 JR_a + s(R_a c + Kk_b)}$$

$$(8-8)$$

3. 仿真模型的建立

模拟框架如图 8-6 所示，将电机和控制部分连接起来，并采用闭环系统，即可得到直流伺服电机闭环速度控制系统。

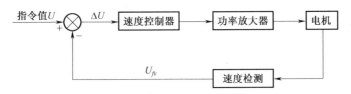

图 8-6　直流伺服电机闭环速度控制系统

Simulink 仿真模型如图 8-7 所示。

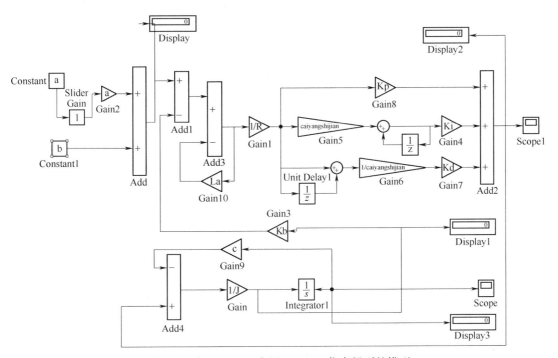

图 8-7　在 MATLAB 中用 Simulink 仿真得到的模型

在仿真模型中，共有三个模块，分别是单位延迟模块（见图 8-8）、PID 控制模块（见图 8-9）、电机控制模块（见图 8-10）。

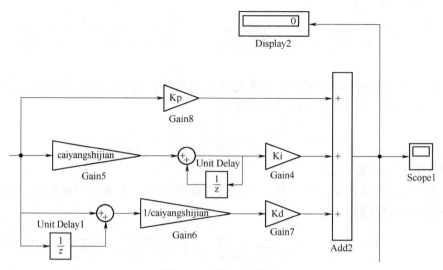

图 8-8　单位延迟模块

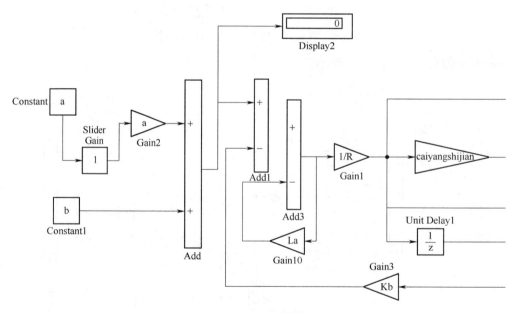

图 8-9　PID 控制模块

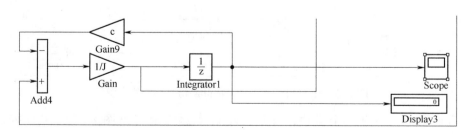

图 8-10　电机控制模块

参数假设与设置如下：

电路部分：输入端电压 $U_a = 30x + 22$；电阻 $R = 2.5$ kΩ；电感 $L_a = 1$；

机械部分：反向电动势常数 $k_b = 50$；转动惯量 $J = 10$；黏性阻尼系数 $c = 2$；

延迟模块：采样时间 $t = 0.02$；系统仿真时间 $T = 1000$；比例增益 $k_p = 1$；积分增益 $k_i = 1$；微分增益 $k_d = 1$。

4. 仿真结果分析

将各参数定义到相应模块中，可得到仿真结果如图 8-11 所示。

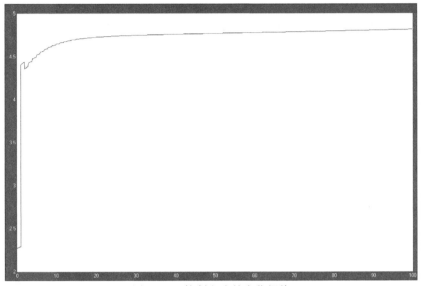

图 8-11　控制电流的变化规律

利用电动机的转动和电路之间的耦合效应，将主轴的转动转换到电路的计算中。在控制电路中加上 PID 控制系统，对电路和电机中电压（或电流）进行控制，使得电机中的电流较快地达到某一值，即使得电机在较快的时间内转速得到控制，如图 8-12 所示。。

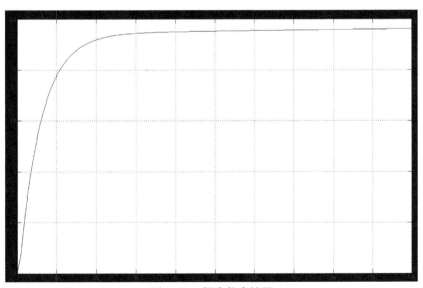

图 8-12　耦合仿真结果

在仿真过程中，在控制电压 U 大小的情况下，通过反馈电路检测电流 i 的大小，再将电流的大小反映到主轴转矩 T 上，通过转矩的大小控制主轴的转速 ω。这样，可以既方便快捷又安全地对机械的运动进行精确控制。

本 章 小 结

本章首先介绍了 MATLAB 在 PUMA560 机器人运动仿真中的应用，对该型机器人进行了正、逆运动学推导，然后通过 MATLAB 编程得出该型机器人的工作空间。

本章 8.2 节介绍了基于 MATLAB 的机电动力系统建模与仿真，针对某一典型的机电耦合系统进行了具体分析，为这一实例的参数优化提供了一些参考。

第9章 MATLAB 在电子电路中的应用

【本章导读】

MATLAB 在矩阵运算中有着其独特的优势与便利，而在电路分析中，无论是基尔霍夫定律还是网孔法，在分析电路时总会出现数个并列的形式相似的方程，此时将其转化为矩阵形式，就可以使用 MATLAB 对其进行求解。

本章介绍了一些典型电路的分析与计算方法，同时使用 MATLAB 对相关问题进行分析计算，以及在这个过程中需要应用的一些 MATLAB 命令。从最简单的电路分析开始，用矩阵形式列出方程进行计算，进一步对二阶动态电路进行仿真分析，并且使用 MATLAB 的绘图指令绘制波形，使结果直观形象。

【本章要点】

(1) 熟悉电子电路中的各种基本电气元件；

(2) 掌握用 MATLAB 软件分析解算电子电路的方法；

(3) 基尔霍夫定律；

(4) 网孔法分析电路；

(5) 支路电流法；

(6) 电路微分方程的建立；

(7) 拉普拉斯变换及留数；

(8) 使用 MATLAB 进行响应分析。

9.1 基本电气元件简介

通常一个简单电路可由电阻、电容、电感、晶体二极管、晶体三极管以及电源等基本器件组成。电源可由变压器、整流器和滤波器构成，也可由稳压器（芯片）及其外围电路（器件）构成。

1. 电阻

电阻在电路中用 R 加数字表示，如可将编号为 1 的电阻器表示为 R_1。电阻在电路中主要起到分流、限流、分压、偏置等作用。衡量电阻的两个最基本的参数是阻值和功率。阻值用来表示电阻对电流阻碍作用的大小，单位用 Ω（欧姆）、$k\Omega$（千欧）、$M\Omega$（兆欧）表示。功率用来表示电阻所能承受的最大电流，单位用 W（瓦特）表示。

2. 电容

电容在电路中一般用 C 加数字表示，如可将编号为 1 的电容器表示为 C_1。电容器在电路中的主要作用隔直流通交流，电容器的容量大小表示其储存电能的能力。

3. 晶体二极管

晶体二极管在电路中常用 VD 加数字表示，如可将编号为 1 的二极管表示为 VD_1。二极管的主要特性是单向导电性，即在正向电压的作用下导通电阻小；在反向电压作用下，导通电阻极大或无穷大。利用这一特性，二极管常被用于整流、开关、隔离、稳压、极性保护等功能电路中。因此，晶体二极管按用途分为整流二极管、开关二极管、续流二极管、稳压二极管以及限幅二极管等。

4. 晶体三极管

晶体三极管（简称三极管）在电路中常用 VT 加数字表示，如可将编号为 1 的三极管表示为 VT_1。三极管有三个极，分别称为基极（b）、集电极（c）和发射极（e），发射极上的箭头表示流过三极管的电流方向。三极管分为 NPN 型和 PNP 型两种，两类三极管中电流的流向是相反的，工作特性上可互相弥补，而常见 OTL 电路中的对管就是由 PNP 型和 NPN 型配对而成的。

5. MOS 场效应晶体管

MOS 场效应晶体管即金属-氧化物-半导体型场效应管，英文缩写为 MOSFET，其主要特性是在金属栅极与沟道之间有一层二氧化硅绝缘层，具有很高的输入电阻，所以 MOS 场效应晶体管属于绝缘栅型。

6. 电感线圈

电感线圈（又称电感器、电抗器，简称电感）与电容器一样，也是一种储能元件。电感线圈能把电能转变为磁场能，并在磁场中储存能量。电感器用符号 L 表示，单位用 H（亨利）表示。它经常与电容器一起工作，构成 LC 滤波器、LC 振荡器等。同时，人们还利用电感特性制造了阻流圈、变压器、继电器等。

7. 变压器

变压器是变换交流电压、电流和阻抗的器件，当初级绕组中通有交流电流时，铁心（或磁心）中便产生交流磁通，使次级线圈中感应出电压（或电流）。变压器由铁心（或磁心）和绕组组成，绕组有两个或两个以上的绕组，其中接电源的绕组叫初绕组，其余的绕组叫次绕组。

9.2　MATLAB 对电路进行分析和计算

MATLAB 在信号处理、自动控制以及通信系统仿真中应用时，有很多函数命令可以直接调用完成仿真；相反，将 MATLAB 应用于电子电路时，往往需要用户根据具体电路编程完成仿真。众所周知，在分析和计算电路中的各种问题时，有时要涉及解方程和复数运算，而矩阵运算和复数运算又是 MATLAB 优于其他语言的特色之一。因此，我们应充分利用 MATLAB 的这一特点来分析和计算电路中的各种问题。

【例 9-1】　图 9-1 所示电路中，已知 U_S = 1 V，I_S = 1 A，$R_1 = R_2 = R_3 = 1\ \Omega$，求支路电流 I_1、I_2 及电流源端电压。

解：（1）建模。用网孔法，左侧网孔电流 I_S，右侧网孔电流 I_1，则可以列出网孔方程如下（网孔法：对电路中每一个网孔进行 KVL 分析；KVL：基尔霍夫电压定律，在任何一个闭合回路

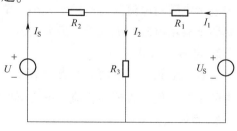

图 9-1　例 9-1 电路图

中，各元件上的电压降的代数和等于电动势的代数和，即从一点出发绕回路一周回到该点时，各段电压的代数和恒等于零）。

$$I_S R_2 + I_S R_3 = U$$
$$I_1 R_1 + I_1 R_2 = U_S$$

写为矩阵形式

$$\begin{bmatrix} R_2 + R_3 & 0 \\ 0 & R_1 + R_2 \end{bmatrix} \begin{bmatrix} i_S \\ i_1 \end{bmatrix} = \begin{bmatrix} \dfrac{U}{U_S} \\ -1 \end{bmatrix} U_S$$

矩阵简化为 $AI = BU_S$。

代入数值得到

$$\begin{bmatrix} 2 & 0 \\ 0 & 2 \end{bmatrix} \begin{bmatrix} 1 \\ i_1 \end{bmatrix} = \begin{bmatrix} U \\ -1 \end{bmatrix}$$

很容易可以解得 $I_1 = -1/2$，$I_2 = 1/2$，$u = 2$。

（2）MATLAB 程序如下：

```
clear,close all
R1=1;R2=1;R3=1;us=1;is=1;% 输入预设参数
u=is*(R2+R3);
a11=R2+R3;a12=0;
a21=0;a22=R1+R2;
b1=u/us;b2=-1;
A=[a11 a12 ;a21 a22];
B=[b1;b2];I=A\B*us;
is=I(1);i1=I(2);
i1,i2=i1+is,u=is*(R2+R3)
```

（3）程序运行结果如下：

```
i1 =
   -0.5000
i2 =
    0.5000
u =
    2
```

本例实际上是一个非常简单的电路分析问题，使用 MATLAB 来求解其实显得有些多余。但是很明显，使用网孔法分析电路时，如果网孔数超过 3 个，用传统方法就显得十分笨重。因此，使用简单的问题来体会 MATLAB 编程思路是非常有必要的。

【例 9-2】 图 9-2 示电路中，已知 $U_{S1} = 2$ V，$U_{S2} = 20$ V，$U_{S3} = 6$ V，$R_1 = 5\ \Omega$，$R_2 = 5\ \Omega$，$R_3 = 30\ \Omega$，$R_4 = 20\ \Omega$，$R_5 = R_6 = 10\ \Omega$，求各支路电流。

解：（1）建模。用支路电流法可以列出如下方程

$$I_1 + I_2 - I_3 = 0$$
$$I_1 R_1 + I_2 R_2 + I_3 R_3 = U_{S1}$$
$$I_2 (R_4 + R_5 + R_6) + I_3 R_3 = U_{S2} - U_{S3}$$

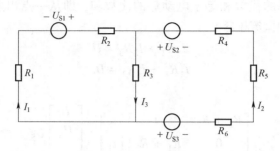

图9-2　例9-2电路图

同样，将其写成矩阵形式可以得到

$$\begin{bmatrix} 1 & 1 & -1 \\ R_1 + R_2 & 0 & R_3 \\ 0 & R_4 + R_5 + R_6 & R_3 \end{bmatrix} \begin{bmatrix} I_1 \\ I_2 \\ I_3 \end{bmatrix} = \begin{bmatrix} 0 \\ U_{S1} \\ U_{S2} - U_{S3} \end{bmatrix}$$

代入具体数值

$$\begin{bmatrix} 1 & 1 & -1 \\ 10 & 0 & 30 \\ 0 & 40 & 30 \end{bmatrix} \begin{bmatrix} I_1 \\ I_2 \\ I_2 \end{bmatrix} = \begin{bmatrix} 0 \\ 2 \\ 14 \end{bmatrix}$$

将

$$I_1 + I_2 = I_3$$

分别代入其余两式，得

$$40I_1 + 30I_2 = 2$$
$$70I_1 + 30I_2 = 14$$

解得 $I_1 = -14/95$，$I_2 = 25/95$，$I_3 = 11/95$。

（2）MATLAB 程序如下：

```
clear,close all
R1=5;R2=5;R3=30;R4=20;R5=10;R6=10;
us1=2;us2=20;us3=6;
a11=1;a12=1;a13=-1;
a21=R1+R2;a22=0;a23=R3;
a31=0;a32=R4+R5+R6;a33=R3;
b1=0;b2=us1;b3=us2-us3;
A=[a11 a12 a13;a21 a22 a23;a31 a32 a33];
B=[b1;b2;b3];I=A\B;
i1=I(1),i2=I(2),i3=I(3)
```

（3）程序运行结果如下：

```
i1 =
    -0.1474
i2 =
    0.2632
i3 =
    0.1158
```

【例 9-3】　图 9-3 所示电路中，已知：$I_{S1} = 3$ A，$I_{S2} = 2$ A，$I_{S3} = 1$ A，$R_1 = 6$ Ω，$R_2 = 5$ Ω，$R_3 = 7$ Ω。用基尔霍夫电流定律求 I_1、I_2 和 I_3。（基尔霍夫电流定律：电路中任一个节点上，在任一时刻流入节点的电流之和等于流出节点的电流之和。）

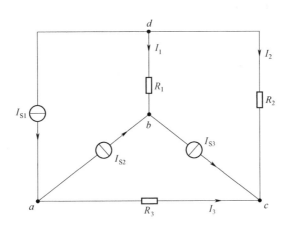

图 9-3　例 9-3 电路图

解：（1）使用基尔霍夫定律建模，选取节点 a、b、c、d。
由基尔霍夫定律可依次列出节点方程如下

$$I_3 = I_{S1} - I_{S2}$$
$$I_1 - I_3 = -I_{S2}$$
$$I_2 + I_3 = -I_{S3}$$

写成矩阵形式有

$$\begin{bmatrix} 1 & 0 & -1 \\ 0 & 1 & 1 \\ 0 & 0 & 1 \end{bmatrix} \begin{bmatrix} I_1 \\ I_2 \\ I_3 \end{bmatrix} = \begin{bmatrix} -I_{S2} \\ -I_{S3} \\ I_{S1} - I_{S2} \end{bmatrix}$$

代入 I_{S1}、I_{S2}、I_{S3}，的具体数值，即可解得 $I_1 = -1$ A，$I_2 = -2$ A，$I_3 = 1$ A。
（2）MATLAB 程序如下：

```
clear, close all
is1=3; is2=2; is3=1;
A= [1 0 -1; 0 1 1; 0 0 1];
b1=-is2; b2=-is3; b3=is1-is2
B= [b1; b2; b3]; I=A\B;
i1=I (1), i2=I (2), i3=I (3)
```

（3）程序运行结果如下：

```
i1 =
    -1
i2 =
    -2
i3 =
    1
```

【**例 9-4**】 电阻电路的计算。

如图 9-4 所示电路，已知 $R_1 = 1\ \Omega$，$R_2 = 2\ \Omega$，$R_3 = 6\ \Omega$，$R_4 = 2\ \Omega$，$R_5 = 6\ \Omega$，$R_6 = 2\ \Omega$，$R_7 = 1\ \Omega$。

（1） 如果 $u_S = 4\ \text{V}$，求 i_3、u_4、u_7。

（2） 如果已知 $u_4 = 4\ \text{V}$，求 u_S、i_3、u_7。

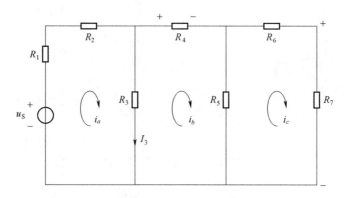

图 9-4　例 9-4 电路图

解：（1） 建模用网孔法，按图 9-4 可列出网孔方程为

$$(R_1 + R_2 + R_3)i_a - R_3 i_b = u_S$$
$$- R_3 i_a + (R_3 + R_4 + R_5)i_b - R_5 i_c = 0$$
$$- R_5 i_b + (R_5 + R_6 + R_7)i_c = 0$$

可写成如下所示矩阵形式：

$$\begin{bmatrix} R_1 + R_2 + R_3 & -R_3 & 0 \\ -R_3 & R_3 + R_4 + R_4 & -R_5 \\ 0 & -R_5 & R_5 + R_6 + R_7 \end{bmatrix} \begin{bmatrix} i_a \\ i_b \\ i_c \end{bmatrix} = \begin{bmatrix} 1 \\ 0 \\ 0 \end{bmatrix} u_S$$

或直接列数字方程并简写为 $AI = Bu_S$。

$$\begin{bmatrix} 1+2+6 & -6 & 0 \\ -6 & 6+5+6 & -6 \\ 0 & -6 & 6+2+1 \end{bmatrix} \begin{bmatrix} i_a \\ i_b \\ i_c \end{bmatrix} = \begin{bmatrix} 1 \\ 0 \\ 0 \end{bmatrix} u_S$$

① 令 $u_S = 4\text{V}$，由 $i_3 = i_a - i_b$，$u_4 = R_4 i_b$，$u_7 = R_7 i_c$，即可得到问题（1）的解。

② 由电路的线性性质，可令 $i_3 = k_1 u_S$，$u_4 = k_2 u_S$，$u_7 = k_3 u_S$。

由问题（1）的结果并根据图 9-4 所示电路可列出下式。

$$k_1 = \frac{i_3}{u_S},\ k_2 = \frac{u_4}{u_S},\ k_3 = \frac{u_7}{u_S}$$

于是，可通过下列式子求出问题（2）的解。

$$u_S = \frac{u_4}{k_2},\ i_3 = k_1 u_S = \frac{k_1}{k_2} u_4,\ u_7 = k_3 u_S = \frac{k_3}{k_2} u_4$$

（2） MATLAB 程序如下：

```
clear, close all
```

```
R1 = 1；R2 = 2；R3 = 6；R4 = 2；R5 = 6；R6 = 2；R7 = 1；
display ('求解问题 (1) ');
a11 = R1+R2+R3；a12 = -R3；a13 = 0；
a21 = -R3；a22 = R3+R4+R5；a23 = -R5；
a31 = 0；a32 = -R5；a33 = R5+R6+R7；
b1 = 1；b2 = 0；b3 = 0；
us = input ('us = ');
A = [a11 a12 a13；a21 a22 a23；a31 a32 a33];
B = [b1；b2；b3]；I = A \ B * us；
ia = I (1)；ib = I (2)；ic = I (3)；
i3 = ia-ib, u4 = R4 * ib, u7 = R7 * ic
display ('求解问题 (2) ');
u42 = input ('给定 u42 = ');
k1 = i3 / us；k2 = u4 / us；k3 = u7 / us；
us2 = u42 / k2, i32 = k1 / k2 * u42, n72 = k3 / k2 * u42
```

（3）程序运行结果如下：

求解问题（1）

us = 4

i3 =

　　0.2963

u4 =

　　0.8889

u7 =

　　0.2963

求解问题（2）

给定 u42 = 4

us2 =

　　18.0000

i32 =

　　1.3333

n72 =

1.3333

9.3　MATLAB 在二阶电路动态分析中的应用

在二阶电路中，首先要在确定好输入与输出后列出微分方程，运用自动控制原理相关知识得到系统的传递函数，在 MATLAB 中有若干种方法可以创建一个系统，系统创建完成后，也有相应的命令求解一些常见的系统响应。运用 MATLAB 对系统进行分析，不仅节约时间，而且可以对参数进行调试并绘制相应波形，观察各参数对其的影响。

（1）当传递函数为多项式分式时，可以用分子、分母的系数表示，命令为：

```
num = [b1, b2, …, bn]
den = [a1, a2, …, an]
```

```
G (s) = tf (num, den)
```

其中 num 为分子多项式系数，den 为分母多项式系数。

（2）当传递函数为因式分式时，可以用零点、极点、增益表示，命令为：

```
z = [z1, z2, …, zn]
p = [p1, p2, …, pn]
k = [K]
G (s) = zpk (z, p, k)
```

其中 z 为各零点，p 为各极点，k 表示增益。

（3）当传递函数为状态空间表达式时，可以用 [A，B，C，D] 矩阵表示，命令为：

```
G (s) = ss [A, B, C, D]
```

（4）当传递函数表达式比较复杂时，可以使用 conv 函数求取，用来对多项式乘法进行运算，并且允许多重嵌套，从而实现复杂的计算。

使用 MATLAB 求解系统响应主要有三种函数，分别求单位脉冲响应、单位阶跃响应和任意输入的时间响应，其命令如下：

```
[x, y] = impulse [sys, t]
[x, y] = step [sys, t]
[x, y] = lsim [sys, u, t]
```

其中，sys 为由 tf、zpk 或 ss 建立的模型，u 为输入，t 为仿真时间区段。

【例 9-5】 二阶电路单位脉冲响应和单位阶跃响应。

如图 9-5 所示为电感 L、电阻 R 与电容 C 的串、并联电路，u_i 为输入电压，u_o 为输出电压。若已知 $L=1\text{H}$，$C=0.04\text{F}$，初始值 $u_C(0)=0.5\text{V}$，$i_L(0)=0$。

解：求当 R 分别为 $3\,\Omega$、$6\,\Omega$、$9\,\Omega$ 时，系统的单位脉冲响应和单位阶跃响应并画出波形。

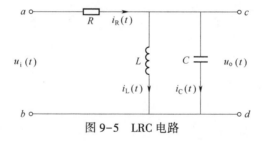

图 9-5　LRC 电路

解：（1）建模。根据基尔霍夫定律，有

$$u_i = L\frac{di_L}{dt} + u_o$$

而

$$u_o = Ri_R = \frac{1}{C}\int i_C\,dt$$

$$i_L = i_C + i_R$$

其微分方程为

$$LC\ddot{u}_o + \frac{L}{R}\dot{u}_o + u_o = u_i$$

其传递函数为

$$G(s) = \frac{\omega_n^2}{s^2 + 2\xi\omega_n s + \omega_n^2}$$

其中

$$\omega_n = \sqrt{\frac{1}{LC}}, \ \xi = \frac{1}{2R}\sqrt{\frac{1}{LC}}$$

由此，传递函数可以写成

$$G(s) = \frac{1}{LCs^2 + \dfrac{L}{R}s + 1}$$

（2）MATLAB 程序如下：

```
clear; close all;
L=1; C=0.04; t=(0: 0.1: 5);%输入预设参数
num=(1);
R=3; den=[L*C, L/R, 1]; G1=tf(num, den);
R=6; den=[L*C, L/R, 1]; G2=tf(num, den);
R=9; den=[L*C, L/R, 1]; G3=tf(num, den);
[y1, x1]=impulse(G1, t); [y1a, T1]=step(G1, t);
[y2, x2]=impulse(G2, t); [y2a, T2]=step(G2, t);
[y3, x3]=impulse(G3, t); [y3a, T3]=step(G3, t);
subplot(121), plot(x1, y1, '--', x2, y2, '-.', x3, y3, '-');
legend('R=3', 'R=6', 'R=9');
xlabel('t(sec)'), ylabel('x(t)'); grid on
subplot(122), plot(T1, y1a, '--', T2, y2a, '-.', T3, y3a, '-');
legend('R=3', 'R=6', 'R=9');
grid on; xlabel('t(sec)'), ylabel('x(t)');
```

（3）程序运行结果如图 9-6 所示。

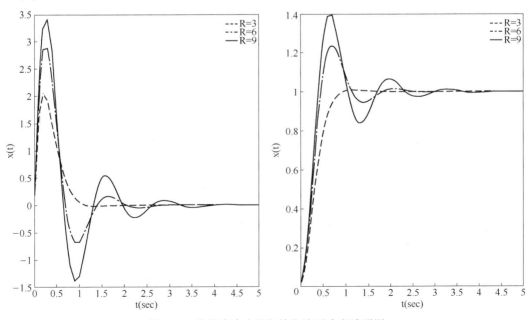

图 9-6 单位脉冲响应与单位阶跃响应波形图

【例9-6】 在如图9-7所示的二阶电路中，$R = 1 \text{ k}\Omega$，$C = 2 \text{ μF}$，$L = 2.5\text{H}$，电容原先已充电。且 $u_C(0_-) = 10 \text{ V}$。在 $t = 0$ 时开关 S 闭合。试求 $u_C(t)$、$i(t)$、$u_L(t)$，绘出各曲线图；开关 S 闭合后的 i_{max} 为多大？

解：（1）建模。由电路图及已知条件展开理论分析，当 $t<0$ 时电路处于稳定状态，电路元件为理想元件，电感相当于短路，电容相当于开路。当 $t>0$ 时，电路接通。

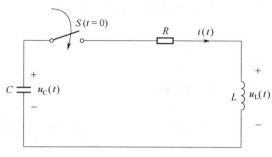

图 9-7　例 9-6 电路图

此时电路的微分方程为：

$$LC \frac{\mathrm{d}^2 u}{\mathrm{d}u^2} + RC \frac{\mathrm{d}u}{\mathrm{d}t} + u_C = 0$$

$$\left. \frac{\mathrm{d}u}{\mathrm{d}t} \right|_{t=0^+} = -\frac{i(0^+)}{C} = -\frac{1}{C}i(0^-) = 0$$

初始条件为：

$$U_C = 10 \text{ V}$$

设 U_C 对时间的一阶导数为 p，则可得微分方程的特征方程为：

$$LCp^2 + RCp + 1 = 0$$

由求根公式求得其根为：

$$p_1 = -\frac{R}{2L} + \sqrt{\left(\frac{R}{2L}\right)^2 - \frac{1}{LC}}$$

$$p_2 = -\frac{R}{2L} - \sqrt{\left(\frac{R}{2L}\right)^2 - \frac{1}{LC}}$$

又由已知条件可知，当 $R < 2\sqrt{\dfrac{L}{C}}$ 时，特征根 p_1、p_2 是一对共轭复数，即：

$$p_1 = -\frac{k}{2L} + \mathrm{j}\sqrt{\frac{1}{LC} - \left(\frac{R}{LC}\right)^2} = -\alpha + \mathrm{j}\omega$$

$$p_2 = -\frac{k}{2L} - \mathrm{j}\sqrt{\frac{1}{LC} - \left(\frac{R}{LC}\right)^2} = -\alpha - \mathrm{j}\omega$$

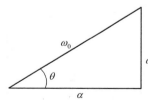

图 9-8　各参数关系

其中：$\alpha = \dfrac{R}{LC}$，称为振荡电路的衰减系数；$\omega = \sqrt{\dfrac{1}{LC} - \left(\dfrac{R}{LC}\right)^2}$，称为振荡电路的衰减角频率；$\omega_0 = \dfrac{1}{\sqrt{LC}}$，称为无阻尼自由振荡角频率或浮振角频率。

显然有 $\omega_0^2 = \alpha^2 + \omega^2$，令 $\theta = \arctan\left(\dfrac{\omega}{\alpha}\right)$，则有 $\alpha = \omega_0\cos\theta$，$\omega = \omega_0\sin\theta$，如图9-8所示。

根据欧拉公式：

$$\mathrm{e}^{\mathrm{j}\theta} = \cos\theta + \mathrm{j}\sin\theta$$

$$e^{-j\theta} = \cos\theta - j\sin\theta$$

可得：

$$p_1 = -\omega_0 e^{-j\theta}$$
$$p_2 = -\omega_0 e^{j\theta}$$

所以有：

$$
\begin{aligned}
u_C &= \frac{U_0}{P_2 - P_1}(p_2 e^{p_1 t} - p_1 e^{p_2 t}) \\
&= \frac{U_0}{-2j\omega}\left[-\omega_0 e^{j\theta} e^{(-\alpha+j\omega)t} + \omega_0 e^{j\theta} e^{(-\alpha-j\omega)t}\right] \\
&= \frac{U_0\omega_0}{\omega} e^{-\alpha t}\left[\frac{e^{j(\omega t+\theta)} - e^{-j(\omega t+\theta)}}{j2}\right] \\
&= \frac{U_0\omega_0}{\omega} e^{-\alpha t}\sin(\omega t + \theta)
\end{aligned}
$$

根据上式可得：

$$i = \frac{U_0}{\omega L} e^{-\alpha t}\sin(\omega t)$$

$$u_L = -\frac{U_0\omega_0}{\omega} e^{-\alpha t}\sin(\omega t - \theta)$$

$$i_{max} = \frac{U_0}{\omega_0 L} e^{-\alpha\frac{\theta}{\omega}}$$

（2）MATLAB 程序如下：

```
R=1000; C=0.000002; L=2.5;    % 输入元件
uco=10; il0=0;    % 初始电路状态
delta=R/2/L;
wo=sqrt (1/L/C);
w=sqrt (wo^2-delta^2);
imax=uco*exp (-delta*asin (w/wo) /w) /wo/L;
t=0: 0.01: 0.1;    % 设定时间数组
uc=wo*uco*exp (-delta*t) .*sin (w*t+asin (w/wo) ) /w;    % 计算电容电压
il=uco*exp (-delta*t) .*sin (w*t) /w/L;    % 计算电流
ul=-wo*uco*exp (-delta*t) .*sin (w*t-asin (w/wo) ) /w;    % 计算电感电压
plot (t, uc, '-.', t, il, '-.', t, ul, '-.'), grid    % 绘制 uc-t、il-t 和 ul-t 图像
title ('例9-6'), legend ('uc', 'il', 'ul')    % 设置标题及图示
imax
```

（3）程序运行结果如下：

```
imax=0.0051
```

【例 9-7】　二阶过阻尼电路零输入响应。

如图 9-9 所示二阶电路，如已知 $L=1$ H，$C=0.04$ F，$R=12$ Ω，初始值 $u_C(0)=0.5$V，$i_L(0)=0$，求 $t\geq 0$ 时刻的 $u_C(t)$、$i_L(t)$ 的零输入响应并画出波形。

解：（1）建模。

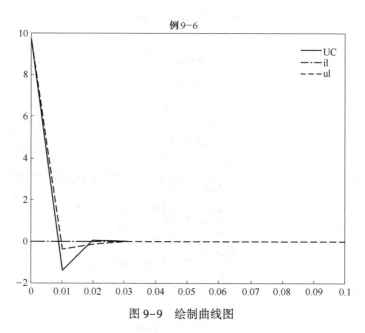

图 9-9　绘制曲线图

方法 1：按图 9-10 列出 u_C 的微分方程（i_L 方程类似）为

$$\frac{\mathrm{d}^2 u_C(t)}{\mathrm{d}t^2} + \frac{R}{L}\frac{\mathrm{d}u_C(t)}{\mathrm{d}t} + \frac{1}{LC}u_C(t) = 0$$

令衰减系数 $\alpha = \dfrac{R}{2L}$，谐振角频率 $\omega_n = \dfrac{1}{\sqrt{LC}}$，上

式可写为二阶微分方程的典型形式

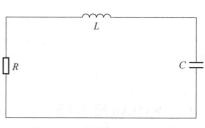

图 9-10　例 9-7 电路图

$$\frac{\mathrm{d}^2 u_C}{\mathrm{d}t^2} + 2\alpha\frac{\mathrm{d}u_C}{\mathrm{d}t} + \frac{1}{LC}u_C(t) = 0$$

其初始值为 $u_C(0)$ 和 $\left.\dfrac{\mathrm{d}u_C}{\mathrm{d}t}\right|_{t=0} = \dfrac{i_L(0)}{C}$。

本例中

$$\alpha = \frac{R}{2L} = 6,\ \omega_n = \frac{1}{\sqrt{LC}} = 5$$

即有 $\alpha > \omega_n$ 的过阻尼情况。其解为

$$u_C(t) = \frac{p_2 u_C - \dfrac{i_L(0)}{C}}{p_2 - p_1}\mathrm{e}^{p_1 t} - \frac{p_1 u_C(0) - \dfrac{i_L(0)}{C}}{p_2 - p_1}\mathrm{e}^{p_2 t}$$

$$i_L(t) = \frac{p_1 C\left[p_2 u_C(0) - \dfrac{i_L(0)}{C}\right]}{p_2 - p_1}\mathrm{e}^{p_1 t} - \frac{p_2 C\left[p_1 u_C(0) - \dfrac{i_L(0)}{C}\right]}{p_2 - p_1}\mathrm{e}^{p_2 t}$$

式中，$p_1 = -\alpha + \sqrt{\alpha^2 - \omega_n^2}$，$p_2 = -\alpha - \sqrt{\alpha^2 - \omega_n^2}$。

方法 2：对微分方程进行拉普拉斯变换，考虑到初始条件可得

$$s^2 u_L(s) - s u_C(0_-) - \frac{\mathrm{d}u_C}{\mathrm{d}t}(0_-) + 2\alpha[su_L(s) - u_C(0_-)] + \omega_n^2 u_C(s) = 0$$

整理后得

$$u_C(s) = \frac{su_C(0_-) + 2\alpha u_C(0_-) + \dfrac{i_L(0_-)}{C}}{s^2 + 2\alpha s + \omega_n^2}$$

对它求拉普拉斯反变换，就可得到时域函数。为此可将等式右端的多项式分解为部分分式，得

$$U_C(s) = \frac{r_1}{s - p_1} + \frac{r_2}{s - p_2}$$

其中，p_1、p_2 是多项式分式的极点，而 r_1、r_2 是它们对应的留数。

$$u_C(t) = r_1 \mathrm{e}^{p_1 t} + r_2 \mathrm{e}^{p_2 t}$$

p_1、p_2、r_1、r_2 可以用代数方法求出，在 MATLAB 中，residue 函数专门用来求多项式分式的极点和留数，其格式为

`[r, p, k] =residue (num, den)`

其中，num、den 分别为分子、分母多项式系数组成的数组，进而写出

$$u = r(1) \times \exp(p(1) \times t) + r(1) \times \exp(p(2) \times t) + \cdots$$

这样就无须求出其显式，程序特别简明。

（2）MATLAB 程序如下：

```
clear
l=1; r=12.5; c=0.04;
uc0=0.5; il0=0;
alpha=r/2/l; wn=sqrt (1/(l*c));
p1=-alpha+sqrt (alpha^2-wn^2);
p2=-alpha-sqrt (alpha^2-wn^2);
dt=0.01; t=0: dt: 1;
% 方法 1，公式法
uc1= (p2*uc0-il0/c) / (p2-p1) *exp (p1*t);
uc2= (p1*uc0-il0/c) / (p2-p1) *exp (p2*t);
il1=p1*c* (p2*uc0-il0/c) / (p2-p1) *exp (p1*t);
il2=p2*c* (p1*uc0-il0/c) / (p2-p1) *exp (p2*t);
uc=uc1+uc2; il=il1+il2;
% 绘制图形
subplot (2, 1, 1), plot (t, uc), grid
subplot (2, 1, 2), plot (t, il), grid
% 方法 2，拉普拉斯变换及留数法
num= [uc0, r/l*uc0+il0/c];
den= [1, r/l, 1/l/c];
[r, p, k] =residue (num, den);
ucn=r (1) *exp (p (1) *t) +r (2) *exp (p (2) *t);
iln=c*diff (ucn) /dt;
```

```
% 图形绘制
figure (2)
subplot (2, 1, 1), plot (t, ucn), grid
subplot (2, 1, 2), plot (t (1: end-1), iln), grid
```

（3）程序运行结果如图 9-11 和图 9-12 所示。

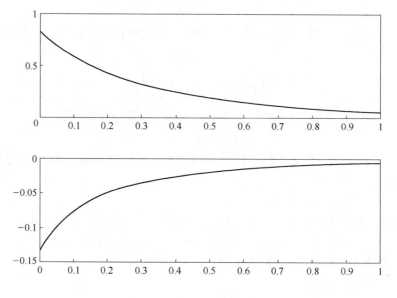

图 9-11　方法 1 绘制的图形

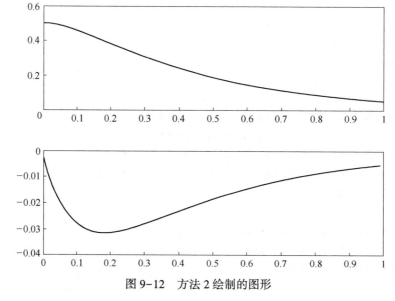

图 9-12　方法 2 绘制的图形

【例 9-8】　二阶欠阻尼电路的零输入响应。

如图 9-9 所示的二阶电路，如 $L=1$ H，$C=0.04$ F，初始值 u_C（0）$=0.5$ V，i_L（0）$=0$，试研究 R 分别为 1 Ω，2 Ω，3 Ω，…，10 Ω 的零输入响应，并画出波形图。

解： （1）建模。本例电路微分方程同例 9-7。

$$\frac{\mathrm{d}^2 u_C(t)}{\mathrm{d}t^2} + \frac{R}{L}\frac{\mathrm{d}u_C(t)}{\mathrm{d}t} + \frac{1}{LC}u_C(t) = 0$$

此时 $\omega = \dfrac{1}{\sqrt{LC}} = 5$，当 $R = 1\ \Omega$，$2\ \Omega$，$3\ \Omega$，…，$10\ \Omega$ 时，$\alpha = 0.5$，1，1.5，…，5。显

然 $\alpha = \omega_n = 5$ 为临界阻尼，其余为欠阻尼情况，即衰减振荡。这时方程的解为

$$u_C(t) = Ae^{-\alpha t}\sin(\beta t + \varphi)$$

$$i_L(t) = -t\omega_n CAe^{\alpha t}\sin(\beta t - \theta)$$

式中

$$A = \sqrt{\frac{\left[\beta u_C(0)\right]^2 + \left[\dfrac{i_L(0)}{C} + \alpha u_C(0)\right]^2}{\beta^2}}$$

$$\varphi = \arctan\frac{\beta u_C(0)}{\dfrac{i_L(0)}{C} + \alpha u_C(0)}, \quad \theta = \arctan\frac{\beta\dfrac{i_L(0)}{C}}{\alpha\dfrac{i_L(0)}{C} + \omega_n^2 u_C(0)}$$

式中各参数

$$\alpha = \frac{R}{2L}, \quad \omega_n = \frac{1}{\sqrt{LC}}, \quad \beta = \sqrt{\omega_n^2 - \alpha^2}$$

（2）MATLAB 程序如下：

```
clear
l=1; c=0.04 ;
uc0=0.5; il0=0; % 输入元件参数
for r=1: 10% 创建循环命令
alpha=r/2/l; wn=sqrt (1/(l*c) );% 输入公共参数
p1=-alpha-sqrt (alpha^2-wn^2) ;
p2=-alpha+sqrt (alpha^2-wn^2) ; % 求解方程的两个根
dt=0.05; t=0: dt: 5;% 设置要分析的时间区间
% 方法 1，公式法
beta=sqrt (wn^2-alpha^2) ;
A=sqrt ( (beta*uc0) ^2+(il0/c+alpha*uc0) ^2) /beta;
phi=atan (beta*uc0/(il0/c+alpha*uc0) );
theta=atan (beta*il0/c/(alpha*il0/c+wn^2*uc0) );
uc=A*exp (-alpha*t) .*sin (beta*t+phi) ;
il=-wn*c*exp (-alpha*t) .*sin (beta*t+theta) ;% 分别画出两种数据曲线
figure (1), plot (t, uc), hold on
figure (2), plot (t, il), hold on
end
figure (1), grid, figure (2), grid
% 方法 2，拉普拉斯变换及留数法
```

```
num=[ucO, r/1*uc0+il0/c];%uc(s)的分子系数多项式
den=[1, r/1, 1/1/c];%uc(s)的分母系数多项式
[r, p, k]=residue(num, den);%求极点留数
ucn=r(1)*exp(p(1)*t)+r(2)*exp(p(2)*t);%求时域函数
i1n=c*diff(ucn)/dt;%对ucn;%求导得电流i1n
figure(1), plot(t, ucn), hold on
figure(2), plot(t(2: end), iln), hold on
```

（3）程序运行结果。当 $R=1\sim10\ \Omega$ 时，可以得到如图 9-13 和图 9-14 所示的结果，使用两种方法所得到的欠阻尼情况可以明显看到曲线的衰减振荡的形状，两种方法所得曲线形状相同。而当 $R=10\ \Omega$ 时，两者在临界阻尼情况得到的结果有比较大的差异，因为 residue 命令在遇到重根时会出现奇异解，使结果不正确。

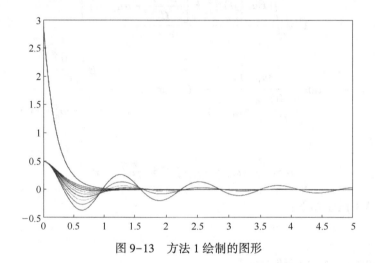

图 9-13　方法 1 绘制的图形

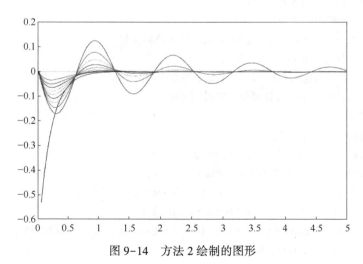

图 9-14　方法 2 绘制的图形

本 章 小 结

使用 MATLAB 对电阻电路问题的求解思路，分析电路列出线性方程组，编写 MATLAB 程序进行求解。

对动态电路的分析首先对电路微分方程的求解，再由预设参数判断振荡类型，选择合适的方法来绘图分析。

选择合适的方法对系统进行建模，主要命令：

G (s) =tf (num, den)

G (s) =zpk (z, p, k)

G (s) =ss [A, B, C, D]

使用 MATLAB 绘图命令时，可以将其放在 for 循环中，在一个图中绘制多个曲线，此时需要使用 hold on 命令使上一次的曲线保持可见。

对线性连续系统的单位脉冲响应和单位阶跃响应进行仿真时，使用 impulse 函数和 step 函数，其格式为 [x, y] =impulse [sys, t]，[x, y] =step [sys, t]，其中，sys 为由 tf、zpk 或 ss 建立的模型，t 为仿真时间区段。

求解任意输入的响应时，使用 lsim 函数，其格式为 [x, y] =lsim (sys, u, t)，其中 u 为输入。

求多项式分式的极点留数时，使用 residue 函数，格式为 [r, p, k] =residue (num, den)，其中 num、den 分别是分子、分母多项式系数组成的数组。

第 10 章　Simulink 的应用

【本章导读】

在工程实际中，系统的结构往往是复杂的，如果不借助专用的系统建模软件，就很难把一个复杂的系统模型输入到计算机当中，从而对其进行进一步的分析与仿真。20 世纪初，MathWorks 软件公司为 MATLAB 提供了新的控制系统建模与仿真的工具，命名为 SIMULAB，后更名为 Simulink，使得建模的过程进入了模型化图形组态阶段。

Simulink 是 MATLAB 中的一种可视化仿真工具，是一种基于 MATLAB 的框图设计环境，是实现动态系统建模、仿真和分析的一个软件包，广泛应用于线性系统、非线性系统、数字控制及数字信号处理的建模和仿真中。Simulink 提供一个动态系统建模、仿真和综合分析的集成环境。在该环境中，无须大量书写程序，而只需要通过简单直观的鼠标操作，就可构造出复杂的系统。

【本章要点】

（1）熟悉 Simulink 的打开方式和模块内容；
（2）掌握 Simulink 在信号处理中的简单应用；
（3）掌握 Simulink 对典型环节的建模与表示方法；
（4）掌握 Simulink 在 RLC 电路分析中的应用。

10.1　Simulink 的基本操作与内容

有很多方式启动 Simulink，其中最基本的方式就是在 MATLAB 的主窗口中单击 Simulink 的快捷键，如图 10-1 所示，可以直接调出 Simulink Start Page 窗口。

图 10-1　启动窗口（一）

除此之外，在 MATLAB 命令窗口直接输入 Simulink 并且回车，也可以调出 Simulink Start Page 窗口，如图 10-2 所示。

在图 10-2 中选择合适的用途按钮，例如单击 Signal Processing，会出现如图 10-3 所示的窗口。然后单击 View 菜单，启动 Simulink Library Browser 窗口，如图 10-4 所示。

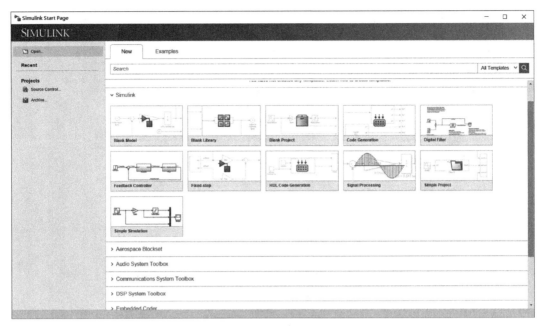

图 10-2　启动窗口（二）

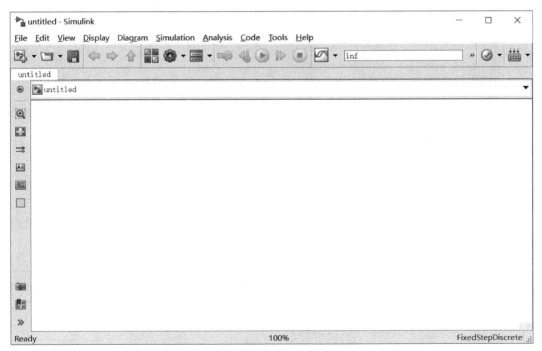

图 10-3　Signal Processing 启动窗口

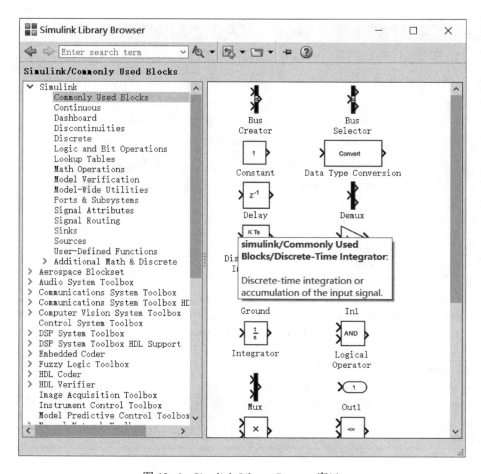

图 10-4　Simulink Library Browser 窗口

10.2　Simulink 的基本操作与内容

在 MATLAB 中，Simulink 工具箱包括 16 个子模块，这些模块可以构建各种各样的控制系统并且进行仿真。下面介绍这些子模块。

1. Simulink 的模块库

Simulink 的模块库由两部分组成：各种应用工具箱和基本模块。

（1）系统提供的应用工具箱有：

- Communications Blockset（通信模块集）
- Control System Toolbox（控制系统工具箱）
- Dials & Gauges Blockset（面板和仪表模块集）
- DSP Blockset（数字信号处理模块集）
- Fixed-Point Blockset（定点模块集）
- Fuzzy Logic Toolbox（模糊逻辑工具箱）
- NCD Blockset（非线性控制设计模块集）

- Neural Network Blockset（神经网络模块集）
- RF Blockset（射频模块集）
- Power System Blockset（电力系统模块集）
- Real-Time Windows Target（实时窗口目标库）
- Real-Time Workshop（实时工作空间库）
- Stateflow（状态流程库）
- Simulink Extras（Simulink 附加库）
- System ID Blockset（系统辨识模块集）

（2）Simulink 的基本模块按功能进行分类，包括以下 8 类子库：

- Continuous（连续系统模块）
- Discrete（离散系统模块）
- Function & Tables（函数和平台模块）
- Math（数学运算模块）
- Nonlinear（非线性模块）
- Signals & Systems（信号和系统模块）
- Sinks（接收器模块）
- Sources（输入源模块）

下面列出一些基本模块的功能说明，以供实际使用时查询（见表 10-1～表 10-8）。

表 10-1 连续系统模块（Continuous）功能

模 块 名	功能简介	模 块 名	功能简介
Integrator	输入信号积分	Derivative	输入信号微分
State-Space	线性状态空间系统模型	Transport Delay	输入信号延时一个固定时间再输出
Transfer-Fcn	线性传递函数模型	Variable Transport Delay	输入信号延时一个可变时间再输出
Zero-Pole	以零极点表示的传递函数模型		

表 10-2 离散系统模块（Discrete）功能

模 块 名	功能简介	模 块 名	功能简介
Discrete-time Integrator	离散时间积分器	Discrete Filter	IIR 与 FIR 滤波器
Discrete State-Space	离散状态空间系统模型	Discrete Zero-Pole	以零极点表示的离散传递函数模型
Discrete Transfer-Fcn	离散传递函数模型	Zero-Order Hold	零阶采样和保持器
First-Order Hold	一阶采样和保持器	Unit Delay	一个采样周期的延时

表 10-3　函数和平台模块（Function & Tables）功能

模　块　名	功　能　简　介	模　块　名	功　能　简　介
Fcn	用自定义的函数（表达式）进行运算	MATLAB Fcn	利用 MATLAB 的现有函数进行运算
S-Function	调用自编的 S 函数的程序进行运算	Look-Up Table	建立输入信号的查询表（线性峰值匹配）
Look-Up Table（2-D）	建立两个输入信号的查询表（线性峰值匹配）		

表 10-4　数学运算模块（Math）功能

模　块　名	功　能　简　介	模　块　名	功　能　简　介
Sum	加减运算	Product	乘运算
Dot Product	点乘运算	Gain	增益模块
Math Function	包括指数函数、对数函数、求平方、开根号等常用数学函数	Trigonometric Function	三角函数，包括正弦、余弦、正切等
MinMax	最值运算	Abs	取绝对值
Sign	符号函数	Logical Operator	逻辑运算
Real-Imag to Complex	由实部和虚部输入合成复数输出	Complex to Magnitude-Angle	由复数输入转为幅值和相角输出
Magnitude-Angle to Complex	由幅值和相角输入合成复数输出	Complex to Real-Imag	由复数输入转为实部和虚部输出
Relational Operator	关系运算		

表 10-5　非线性模块（Nonlinear）功能

模　块　名	功　能　简　介	模　块　名	功　能　简　介
Saturation	饱和输出，让输出超过某一值时能够饱和	Relay	滞环比较器，限制输出值在某一范围内变化
Switch	开关选择，依据第二输入端的值，选择输出第一或第三输入端的值	Manual Switch	手动选择开关

表 10-6　信号和系统模块（Signals & Systems）功能

模　块　名	功　能　简　介	模　块　名	功　能　简　介
In1	输入端	Out1	输出端
Mux	将多个单一输入转化为一个复合输出	Demux	将一个复合输入转化为多个单一输出
Ground	给未连接的输入端接地，输出 0	Terminator	连接到没有连接的输出端，终止输出
SubSystem	空的子系统	Enable	使能子系统

表 10-7　接收器模块（Sinks）功能

模　块　名	功　能　简　介	模　块　名	功　能　简　介
Scope	示波器	XY Graph	显示二维图形
To Workspace	输出到 MATLAB 的工作空间	To File（.mat）	输出到数据文件
Display	实时的数值显示	Stop Simulation	输入非 0 时停止仿真

表 10-8　输入源模块（Sources）功能

模　块　名	功　能　简　介	模　块　名	功　能　简　介
Constant	常数信号	Clock	时钟信号
From Workspace	输入信号来自 MATLAB 的工作空间	From File（.mat）	输入信号来自数据文件
Signal Generator	信号发生器，可以产生正弦、方波、锯齿波及随意波	Repeating Sequence	重复信号
Pulse Generator	脉冲发生器	Sine Wave	正弦波信号
Step	阶跃波信号		

注：在 Simulnk 模块库浏览器的 help 菜单系统中可查询以上各模块的详细功能和使用说明。

通常，用户创建的 Simulink 模型包含如下三部分"组件"。

① 输入信号源（Sources）：可以是常数、时钟、白噪声、正弦波、阶梯波、扫频信号、脉冲生成器、随机数产生器等信号源或者是用户自定义的信号。

② 系统（System）：即被模拟系统的 Simulink 方框图；系统模块作为中心模块，是 Simulink 仿真建模要解决的主要部分。

③ 接收器（即输出、显示部分 Sink）：可以是示波器、图形记录仪（XY Graph）等。

当然对于具体的 Simulink 模型而言，不一定完全包含这三大组件。例如，研究初始条件对系统的影响就不必包含信号源组件。

2. 创建 Simulink 模型

在 Simulink 中创建系统模型的步骤：

（1）新建一个空白的模型窗口（只有在模型窗口中才能创建用户自己的系统模型）。方式是：依次选择 Simulink 模块库浏览器中的 File →New →Model 菜单，将弹出如图 10-3 所示的模型窗口。

（2）在 Simulink 模块库浏览器中，将创建系统模型所需要的功能模块用鼠标拖放到新建的模型窗口中，如图 10-3 所示。

（3）将各个模块用信号线连接，设置仿真参数，保存所创建的模型（后缀名 .mdl）。

（4）单击模型窗口中的 ▶ 按钮，运行仿真。

10.3　Simulink 在信号处理中的应用

【例 10-1】 传递函数为 $G(s) = \dfrac{20}{s^2 + 4s + 20}$ 的随动系统：

（1）求阶跃响应并绘制曲线。

（2）计算系统的稳态误差。

（3）大致分析系统的总体性能，并给出理论上的解释。

解：（1）计算系统的阶跃响应：可以采用 MATLAB 编程实现，还可以利用 Simulink 对系统进行建模，直接观察响应曲线。

MATLAB 程序如下：

```
>> %计算系统的阶跃响应
>> num= [20]; den= [1 4 20];        % 闭环系统传递函数分子、分母多项式系数
>> [y, t, x] =step (num, den)       % 计算闭环系统的阶跃响应
>> plot (x, y);                     % 绘制阶跃响应曲线
>> grid on                          % 在图像中显示网格线
```

程序运行结果如图 10-5 所示，其中横坐标表示响应时间，纵坐标表示系统输出。

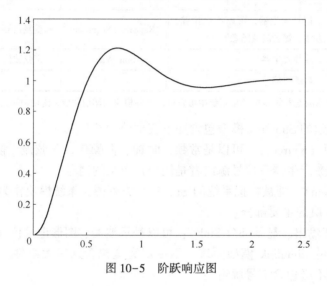

图 10-5   阶跃响应图

（2）采用 Simulink 对系统进行建模，如图 10-6 所示。其中示波器 Scope 用来观察系统的响应曲线，示波器 Scope1 用来观察系统的误差曲线。

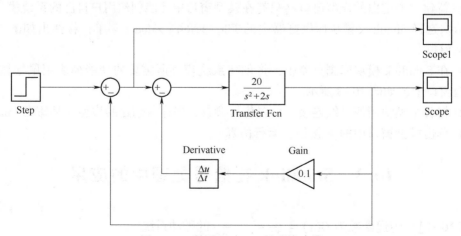

图 10-6   利用 Simulink 对系统建模

用 Step 信号激励系统，得到的输出如图 10-7 所示。

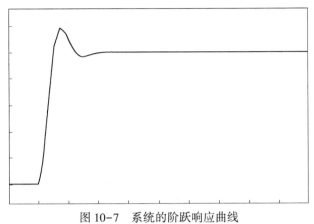

图 10-7　系统的阶跃响应曲线

（3）分析系统的响应特性。

执行上面的语句［y，t，x］＝step（num，den）以后，变量 y 中就存放了系统阶跃响应的具体数值。从响应曲线可以看出，系统的稳态值为 1。另外，还可以计算系统的超调量。程序如下：

```
>> % 计算系统的超调量
>> y_ stable=1;                          % 阶跃响应的稳态值
>> max_ response=max (y);                % 闭环系统阶跃响应的最大值
>> sigma = (max_ response-y_ stable) /y_ stable  % 阶跃响应的超调量
```

程序的运行结果为：

```
sigma =

0.2079
```

同时可看出，系统的稳态误差为 0。示波器 Scope1 的波形如图 10-8 所示，可见，当节约信号输入作用系统 2s 之后，输出就基本为 1 了。

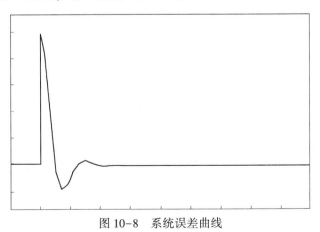

图 10-8　系统误差曲线

还可以精确计算出系统的上升时间、峰值时间以及调整时间。如上所述，y 中存储了系统阶跃响应的数据；同时，x 中存放了其中每个数据对应的时间。

编写程序如下：

```
>> % 计算系统的上升时间
for i=1: length (y)                        % 遍历响应曲线
if y (i) >y_ stable                        % 如果某个时刻系统的输出量大于稳态值
break;                                     % 循环中断
end
end
tr=x (i)     % 计算此时对应的时间，就是阶跃响应的上升时间
% 计算系统的峰值时间
[max_ response, index] =max (y);           % 查找系统阶跃响应的最大值
tp=x (index)                               % 计算此时对应的时间，就是阶跃响应的峰值时间
% 计算系统的调整时间---->取误差带为 2%
for i=1: length (y)                        % 遍历响应曲线
if max (y (i: length (y) ) ) <=1.02 *y_ stable     % 如果当前响应值在误差带内
if min (y (i: length (y) ) ) >=0.98 *y_ stable
break;                                     % 循环退出
end
end
end
ts=x (i)                                   % 计算此时对应的时间，就是系统阶跃响应的调整时间
```

程序的运行结果为：

```
tr =
0.5296
tp =
   0.7829
ts =
1.8881
```

即上升时间为 0.53s，峰值时间为 0.78s，并且系统在经过 1.89s 后进入稳态。

【例 10-2】　假设系统的微分方程为：$r''(t) + 3r'(t) + 2r(t) = e(t)$，其中 $e(t) = u(t)$，求该系统的零状态响应。

解：令等式右边等于零，则可求得方程的两个特征根为：$r_1 = -1$，$r_2 = -2$，所以该系统的零状态响应为：

$$r\ (t) = Ae\hat{}\ (-t)\ + Be\hat{}\ (-2t)\ + C$$

其中 C 为方程的一个特解，由微分方程可知，等式右边没有冲激函数及冲激函数的微分，故系统在零负到零正的过程中没有发生跳变，则 C 为一个常数。

将 C 代入方程可得 $C = 1/2$，由于零状态响应时系统的初值都为零，即 $r\ (0-) = 0$，$r'\ (0-) = 0$，且系统无跳变，则 $r\ (0+) = 0$，$r'\ (0+) = 0$，代入 $r(t)$ 得：

$$A + B + 1/2 = 0$$
$$-A - 2B + 1/2 = 0$$

解得：$A = -3/2$，$B = 1$。

所以系统的零状态响应为：

$$r(t) = -3/2e^{\wedge}(-t) + e^{\wedge}(-2t) + 1/2$$

Simulink 仿真：根据系统的微分方程可编辑仿真模型，如图 10-9 所示。

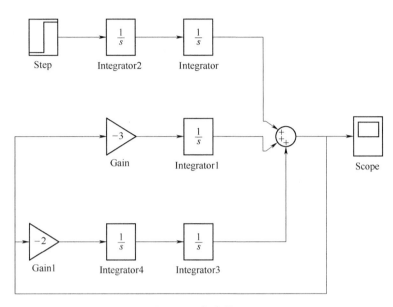

图 10-9　仿真模型

单击开始运行按钮，可以得到波形图，如图 10-10 所示。

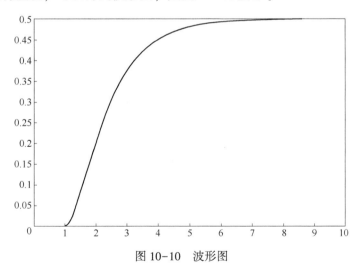

图 10-10　波形图

验证仿真结果：由前面得到的系统零状态响应结果：

$$r(t) = -3/2e^{-t} + e^{-2t} + 1/2$$

可编辑仿真模型：

```
t = (0: 0.1: 10);
plot (t, ( (-3) /2) * exp ( (-1) *t) +exp ( (-2) *t) +1/2);
```

实验结论：Simulink 仿真结果和函数仿真结果基本一致，所以 Simulink 仿真是正确的，如图 10-11 所示。

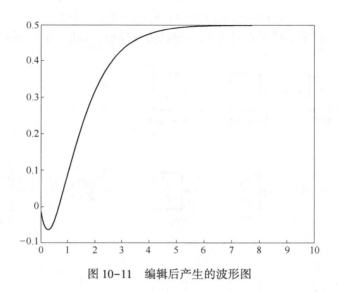

图 10-11　编辑后产生的波形图

10.4　Simulink 中对典型环节的仿真

（1）进入线性系统模块库，构建传递函数。单击 Simulink 下的 Continuous，再将右边窗口中 Transfer Fen 的图标用左键拖至新建的 untitled 窗口。

（2）改变模块参数。在 Simulink 仿真环境 untitled 窗口中双击该图标，即可改变传递函数。其中方括号内的数字分别为传递函数的分子、分母各次幂由高到低的系数，数字之间用空格隔开；设置完成后，单击 OK 按钮，即完成该模块的设置。

（3）建立其他传递函数模块。按照上述方法，在不同的 Simulink 模块库中建立系统所需的传递函数模块。例如，比例环节用 Math 右边窗口中 Gain 的图标。

（4）选取阶跃信号输入函数。用鼠标单击 Simulink 下的 Source，将右边窗口中 Step 图标用左键拖至新建的 untitled 窗口，形成一个阶跃函数输入模块。

（5）选择输出方式。用鼠标单击 Simulink 下的 Sinks，就进入输出方式模块库，通常选用 Scope 的示波器图标，将其用左键拖至新建的 untitled 窗口。

（6）选择反馈形式。为了形成闭环反馈系统，需选择 Math 模块库右边窗口中的 Sum 图标并双击，将其设置为需要的反馈形式（改变正负号）。

（7）连接各元件，用鼠标划线，构成闭环传递函数。

（8）运行并观察响应曲线。用鼠标单击工具栏中的 ▶ 按钮，便能自动运行仿真环境下的系统框图模型。运行完之后用鼠标双击 Scope 元件，即可看到响应曲线。

各典型环节的模块创建如下所示：

（1）比例环节的传递函数为

$$G(s) = -\frac{Z_2}{Z_1} = -\frac{R_2}{R_1} = -2$$

$$R_1 = 100\text{k}\Omega, \quad R_2 = 200\text{k}\Omega$$

其对应模拟电路及 Simulink 图形如图 10-12 所示。

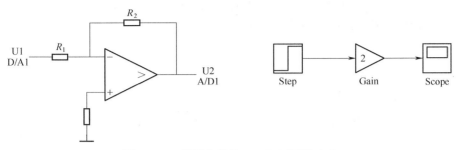

图 10-12 模拟电路及 Simulink 图形 (1)

（2）惯性环节的传递函数为

$$G(s) = -\frac{Z_2}{Z_1} = -\frac{R_2/R_1}{R_2 C_1 + 1} = -\frac{2}{0.2s + 1}$$

$$R_1 = 100 \text{ k}\Omega, \quad R_2 = 200 \text{ k}\Omega, \quad C_1 = 1 \text{ μF}$$

其对应模拟电路及 Simulink 图形如图 10-13 所示。

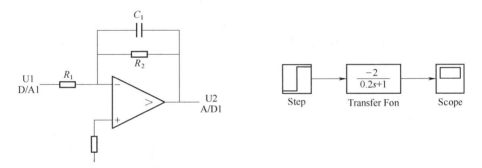

图 10-13 模拟电路及 Simulink 图形 (2)

（3）积分环节的传递函数为

$$G(s) = -\frac{Z_2}{Z_1} = -\frac{1}{R_1 C_1 s} = -\frac{1}{0.1s}$$

$$R_1 = 100 \text{ k}\Omega, \quad C_1 = 1 \text{ μF}$$

其对应模拟电路及 Simmlink 图形如图 10-14 所示。

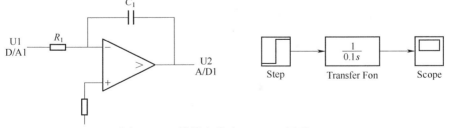

图 10-14 模拟电路及 Simulink 图形 (3)

（4）微分环节的传递函数为

$$G(s) = -\frac{Z_2}{Z_1} = -R_1 C_1 s = -s$$

$$R_1 = 100 \text{ k}\Omega, \quad C_1 = 10 \text{ μF}, \quad C_2 \ll C_1 = 0.01 \text{ μF}$$

其对应模拟电路及 Simulink 图形为图 10-15 所示。

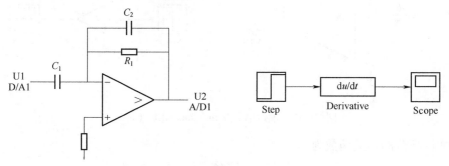

图 10-15　模拟电路及 Simulink 图形（4）

（5）比例+微分环节的传递函数为

$$G(s) = -\frac{Z_2}{Z_1} = -\frac{R_2}{R_1}(R_1 C_1 s + 1) = -(0.1s + 1)$$

$$R_1 = R_2 = 100 \text{ k}\Omega, \quad C_1 = 10 \text{ μF}, \quad C_2 \ll C_1 = 0.01 \text{ μF}$$

其对应模拟电路及 Simulink 图形如图 10-16 所示。

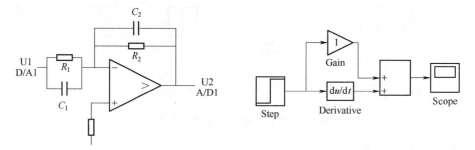

图 10-16　模拟电路及 Simulink 图形（5）

（6）比例+积分环节的传递函数为

$$G(s) = -\frac{Z_2}{Z_1} = -\frac{R_2 + 1/C_1 s}{R_1} = -\left(1 + \frac{1}{s}\right)$$

$$R_1 = R_2 = 100 \text{ k}\Omega, \quad C_1 = 10 \text{ μF}$$

其对应模拟电路及 Simulink 图形如图 10-17 所示。

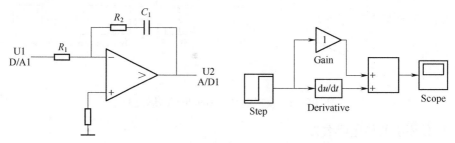

图 10-17　模拟电路及 Simulink 图形（6）

10.5　Simulink 在 RLC 电路仿真中的应用

【例 10-3】 用 Simulink 来求解复杂电路中的 $y(t)$ 与 $f(t)$ 的关系，其模型如图 10-18 所示。

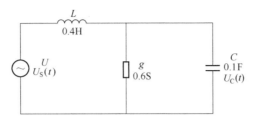

图 10-18　RLC 电路

解： 由 KCL 和 KVL 可得到：

$$i_L = i_C + i_G = u'_C + gu_C$$

$$u_L + u_C = u_S$$

$$u_L = L\frac{\mathrm{d}i_L}{\mathrm{d}t} = LCu''_C + Lgu'_C$$

将其整理得：

$$u''_C + \frac{g}{C}u'_C + \frac{1}{LC}u_C = \frac{1}{LC}u_S$$

将原件值代入得到电路的微分方程为

$$u''_C(t) + 6u'_C(t) + 25u_C(t) = 25u_S(t)$$

按冲激响应的定义，当 $u_S(t) = \sigma(t)$ 时，电路的冲激响应 $h(t)$ 满足方程

$$h''(t) + 6h'(t) + 25h(t) = 25\sigma(t)；h(0) = h'(0) = 0$$

RLC 电路对应的 Simulink 图形如图 10-19 所示，传递函数模型如图 10-20 所示。

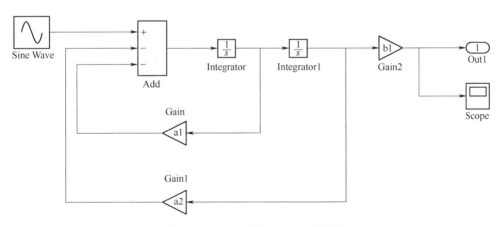

图 10-19　RLC 电路 Simulink 图形

（1）根据冲激响应方程编写程序，可得到冲激响应波形图。

```
clc; clear all; close all;
Ts = 0.005; tf = 40;
```

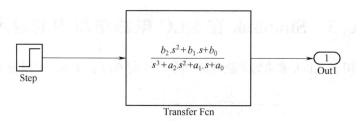

图 10-20　传递函数模型

```
a1=6；a2=25；b1=25；b2=0；
[y0, yp0] =deal (-10: 10)；
u0=0；
[t, x, y] =sim ('wy002', [0, tf-Ts] )；
yzit=y (:, 1)；
a1=6；a2=25；b1=25；b2=0；
[y0, yp0] =deal (0, 0)；
u0=100；
[t, x, y] =sim ('wy002', [0, tf-Ts] )；
yzst=y；
yt1=yzit+yzst；
subplot (311)；plot (t, yzit, 'b-')；
xlabel ('t')；ylabel ('yzit (t) ')；
title ('二阶连续系统 0 输入响应波形')
subplot (312)；plot (t, yzst, 'r-')；
xlabel ('t')；ylabel ('yzst (t) ')；
title ('二阶连续系统 0 输入响应波形')
subplot (313)；plot (t, yt1, 'r')；
xlabel ('t')；ylabel ('y (t) ')；
title ('二阶连续系统全响应波形')；
```

运行结果如图 10-21 所示。

（2）根据如下 $H(s)$ 建立如图 10-20 所示的模块图，编写程序。

$$H(s) = \frac{25}{s^2 + 6s + 25}$$

运行程序：

```
clc; clear all; close all;
[a2, a1, a0, b2, b1, b0] =deal (1, 6, 25, 0, 0, 25)；
u0=10；T=0.01；tf=10；
[t, x, y] =sim ('wo2', [0 tf] )；
subplot (321)；plot (t, y)；xlabel ('t')；ylabel ('yzs (t) ')；
subplot (323)；plot (t, b0*x (:, 3) +b1*x (:, 2) +b2*x (:, 1) )；xlabel ('t')；
ylabel ('yzs (t) ')；
subplot (322)；plot (t, x (:, 1) )；xlabel ('t')；ylabel ('x1 (t) ')；
subplot (324)；plot (t, x (:, 2) )；xlabel ('t')；ylabel ('x2 (t) ')；
```

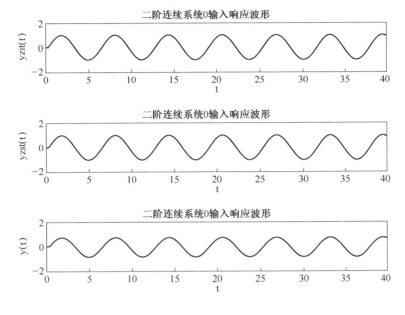

图 10-21 响应的波形图 (1)

```
subplot (326); plot (t, x (:, 3) ); xlabel ('t'); ylabel ('x3 (t) ');
plot (t, y (:, 3) ); xlabel ('t'); ylabel ('yzs (t) ');
```

运行结果如图 10-22 所示。

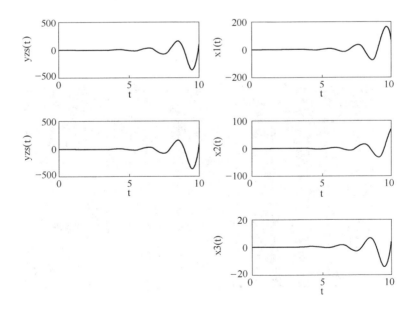

图 10-22 响应的波形图 (2)

【例 10-4】 从元件库 Sim Power Systems 及其他的一些库中拖出题目要求的元器件，包括直流电压、串联 RLC 电阻、Scope 及电压表（voltage measurement）、电流表（current measurement），按照电路图进行连接，建立 Simulink 电路仿真模型，电路布局图如图 10-23 所示。

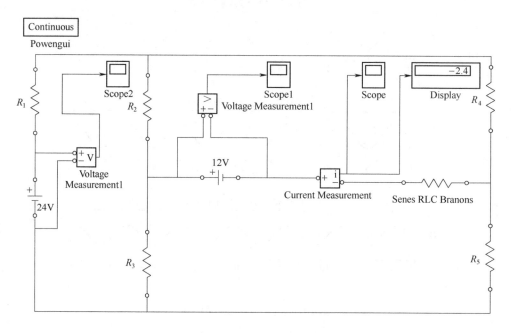

图 10-23 Simulink 电路布局图

单击 ▶ 按钮运行，双击示波器 Scope（或查看 Display），得到仿真出来 I 的电流值为 -2.4A，得到电流 I 的 Simulink 仿真波形图，如图 10-24 所示。

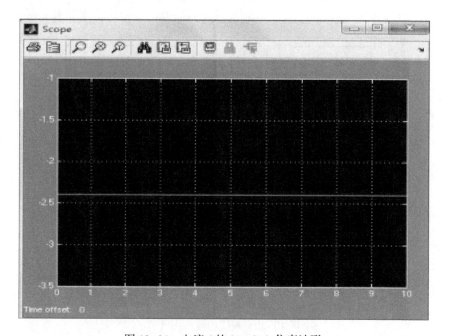

图 10-24 电流 I 的 Simulink 仿真波形

MATLAB 的 M 文件建模仿真如下：

电路建模：如图 10-25 所示，首先规定各支路电流及参考方向，规定回路方向（全为顺时针方向），然后利用基尔霍夫电流定律 KCL 和基尔霍夫电压定律 KVL 列出网孔电流法，所列的方程如下所示：

$R_{11} = 6+6+0.2 = 12.2$

$R_{22} = 4+4+0.2 = 8.2$

$R_{33} = 6+4+2 = 12$

$R_{12} = R_{21} = -0.2$

$R_{13} = R_{31} = -6$

$R_{23} = R_{32} = -4$

$U_{S11} = 12$

$U_{S22} = -12$

$U_{S33} = -24$

$12.2I_1 - 0.2I_2 - 6I_3 = 12$

$-0.2I_1 + 8.2I_2 - 4I_3 = -12$

$-6I_1 - 4I_2 + 12I_3 = 24$

将上述的方程组写成矩阵 $AI=B$ 的形式。

$A = [12.2\ -0.2\ -6;\ -0.2\ 8.2\ -4;\ -6\ -4\ 10]$

$B = [12;\ -12;\ -24]$

$I = A \backslash B$

列出 M 文件求解电路方程，运行仿真得到各参数和运行结果如图 10-26 所示。

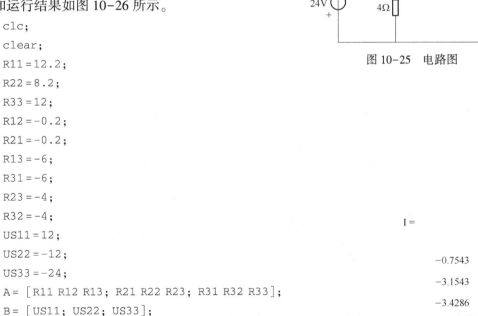

图 10-25　电路图

```
clc;
clear;
R11 = 12.2;
R22 = 8.2;
R33 = 12;
R12 = -0.2;
R21 = -0.2;
R13 = -6;
R31 = -6;
R23 = -4;
R32 = -4;
US11 = 12;
US22 = -12;
US33 = -24;
A = [R11 R12 R13; R21 R22 R23; R31 R32 R33];
B = [US11; US22; US33];
I = A \ B
```

```
I =

    -0.7543
    -3.1543
    -3.4286
```

图 10-26　MATLAB 建模仿真结果

从图 10-26 中和题意可以知道 $I = I_2 - I_1$，而可知 $I_2 = -3.1543$，$I_1 = -0.7543$，所以电路中所求的电流应该为 $I = I_2 - I_1 = -2.4$，与 Simulink 计算出来的数值一样，证明了 Simulink 的

动态仿真结果的正确性。

【例 10-5】 有一个简单的多路信号结构如图 10-27 所示，该结构包含一个输入，两个积分器，一个可以观察信号随时间变化的窗口（示波器），该示波器要求同时显示三条曲线。

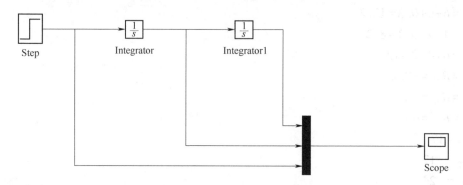

图 10-27 Simulink 电路布局图

解：

（1）新建一个模窗口。

（2）从 Simulink 的模块库中把需要的模块复制到工作区。分别是 Sources 子库里的 Step 模块，它产生一步阶波；Continuous 子库中的 Integrator 模块；在 Signal Routing 子库中找到 Mux 模块并将它拖到仿真窗口；从 Sink 库中找到 Scope 模块并将之拖到窗口。

（3）连接这些模块以构成仿真模型。用鼠标拖着连接线从一个模块移到下一个模块，将两者连接起来，最后形成的系统结构图如图 10-27 所示。

（4）设置仿真时间为从 0 开始到 5s 后结束。然后选择模型窗口 Simulink 菜单中的 Start 命令，得到如图 10-28 所示的响应图。

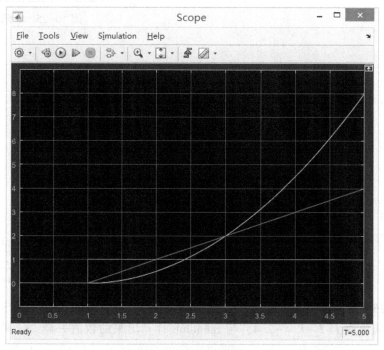

图 10-28 仿真响应图

10.6　基于 Simulink 的动态系统的建模与仿真

【**例 10-6**】　求图 10-29 所示模型的传递函数，输入正弦函数做仿真分析。

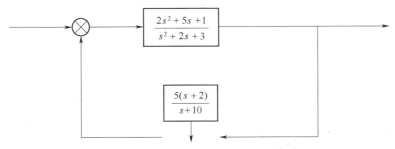

图 10-29　传递函数模型

解： 传递函数如图 10-30 所示。

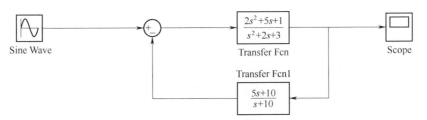

图 10-30　Simulink 模型图

Simulink 仿真分析的运行结果如图 10-31 所示。

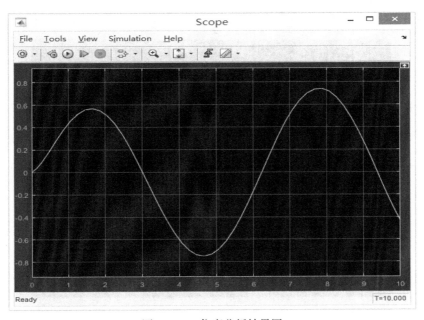

图 10-31　仿真分析结果图

【例 10-7】　应用 Simulink 做出如图 10-32 所示系统模型的仿真图。

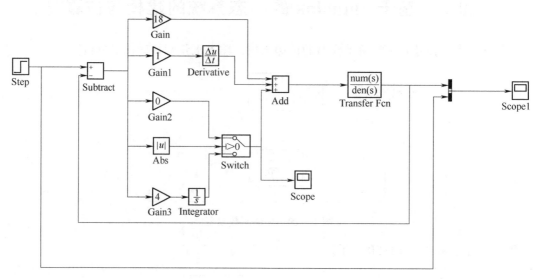

图 10-32　Simulink 模型图

解：让两个子系统在输入信号大于零和小于零两种情况下分别执行，然后把它们的结果结合起来。对大于零的情况可以直接使用半波整流子系统，对于信号小于零的情况下，只需要把输入信号乘以"-1"，就可以使用半波整流子系统了。

其中 Transfer Fcn 中的内容为 num (s) = 60，den (s) = s^2+2s+2，得到的仿真信号输出图如图 10-33 所示。

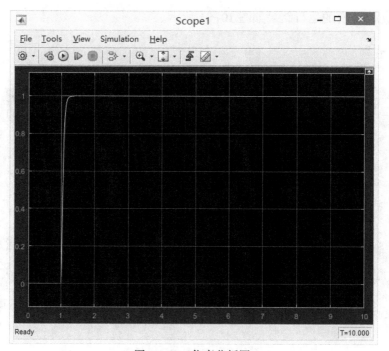

图 10-33　仿真分析图

【例 10-8】　把摄氏温度转换为华氏温度的实例。

已知将摄氏温度转换为华氏温度的公式为：

$$T_f = \frac{9}{5}T_e + 32$$

解：（1）新建一个模型窗口。

（2）从 Simulink 的模块库中把需要的模块复制到工作区，包括：

① 一个 Gain 模块，用来定义常数增益 9/5，Gain 模块来源于 Math Operation。

② 一个 Constant 模块，用来定义一个常数 32，Constant 模块来源于 Sources。

③ 一个 Sum 模块，用来把两项相加，Sum 模块来源于 Math Operation。

④ 一个 Ramp 模块，作为输入信号，Ramp 模块来源于 Sources。

⑤ 一个 Scope 模块，用来显示输出，Scope 模块来源于 Sinks。

（3）模块的连接。连接以上模块构成仿真模型，如图 10-34 所示。

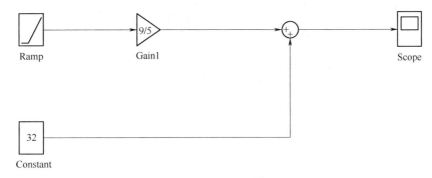

图 10-34　Simulink 模型图

分别双击 Gain 模块、Constant 模块，在弹出的对话框中设置模块的属性值，这里分别把
Gain 模块的增益值设为 9/5，将 Constant 模块的常数值设置为 32，单击 OK 按钮。打开
Ramp 模块，把其初始输出参数设置为 0。

（4）配置仿真参数。在用户窗口的 Simulation 菜单中选择 Configuration Parameters 命令，
仿真开始，双击 Scope，此时就可以看到如图 10-35 所示的输出曲线图。

【例 10-9】　使用两种不同的方法使用 Simulink 对弹跳球进行建模。

解：

（1）新建一个模型窗口。

（2）从 Simulink 的模块库中把需要的模块复制到工作区。

（3）连接以上模块，构成仿真模型，如图 10-36 所示。

（4）配置仿真参数。

（5）在用户窗口 Simulation 菜单中选择 Configuration Parameters 命令，仿真开始，双击
Scope 模块，此时就可以看到如图 10-37 所示的输出曲线。

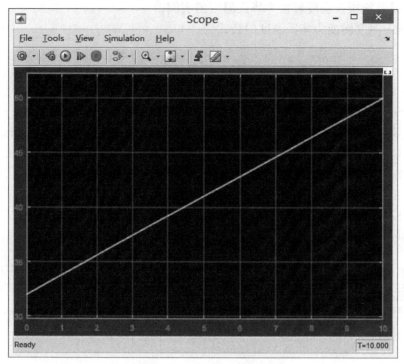

图 10-35   Simulink 仿真结果图

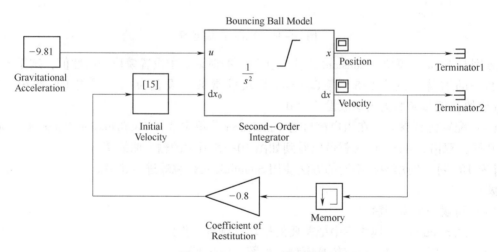

图 10-36   Simulink 模型图

10. 7   运用 Simulink 实现 PID 设计

【例 10-10】   比例-积分-微分（PID）控制。

具有比例加积分加微分控制规律的控制称为 PID 控制，其传递函数为：

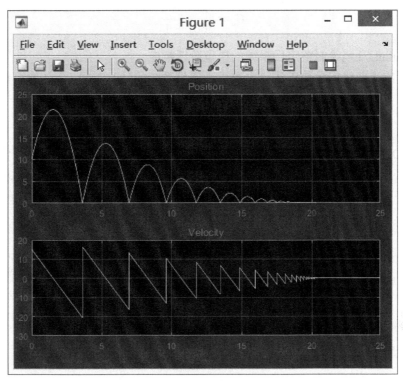

图 10-37   仿真结果图

$$G_C(s) = K_p + \frac{K_I}{s} + K_p \tau_s$$

PID 参数的整定是控制系统设计的核心内容。基于频域的设计方法在一定程度上回避了精确的系统建模，而且有较为明确的物理意义，比常规的 PID 控制可适应的场合多。

Ziegler-Nichols 整定法是一种基于频域设计 PID 控制器的方法，也是最常用的整定 PID 参数的方法。

Ziegler-Nichols 整定法根据给定对象的瞬态响应特性来确定 PID 的控制参数。利用延时时间 L、放大系数 K 和时间常数 T，根据表 10-19 中的公式确定 K_p、T_i 和 τ 的值。

表 10-9   Ziegler-Nichols 整定法控制参数

控制器类型	比例度 $\delta/\%$	积分时间 T_i	微分时间 τ
P	$\dfrac{T}{KL}$	∞	0
PI	$\dfrac{0.9T}{KL}$	$\dfrac{L}{0.3}$	0
PID	$\dfrac{1.2T}{KL}$	$2.2L$	$0.5L$

下面以 Ziegler-Nichols 整定法计算某一系统的 PID 控制系统的控制参数。

假设系统的开环传递函数为：

$$G_o = \frac{8e^{-180s}}{360s + 1}$$

运用 Simulink 环境绘制整定后系统的单位阶跃响应。

按照 S 形响应曲线的参数求法，大致可以得到系统的延时时间 L、放大系数 K 和时间常数 T 如下：

$$L = 180，\quad T = 360，\quad K = 8$$

根据表 10-9 可知：PID 控制整定时，比例放大系数 $K_p = 0.3$，积分时间常数 $T_i = 396$，微分时间常数 $\tau = 90$，系统框图及 Simulink 仿真运行单位阶跃响应曲线如图 10-38 和图 10-39 所示。

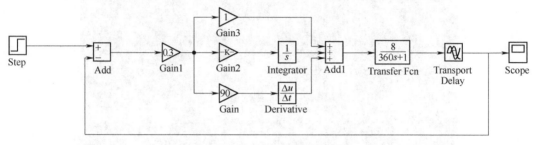

图 10-38　某系统 PID 控制器整定模型图

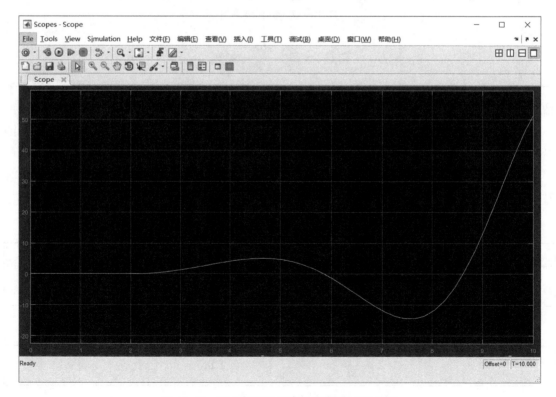

图 10-39　某系统 PID 控制器整定仿真曲线图

10.8   运用 Simulink 设计 FIR 滤波器

【例 10-11】 两个标量信号锯齿波 $w(t)$ 和正弦波，经"复用"模块处理形成一个矢量波形。

解：

（1）新建一个模型窗口。

（2）从 Simulink 的模块库中把需要的模块复制到工作区。

（3）连接以上模块，构成仿真模型，如图 10-40 所示。

（4）配置仿真参数。

（5）在用户窗口 Simulation 菜单中选择 Configuration Parameters 命令，仿真开始，双击 Scope 模块，此时就可以看到如图 10-41 所示的输出曲线。

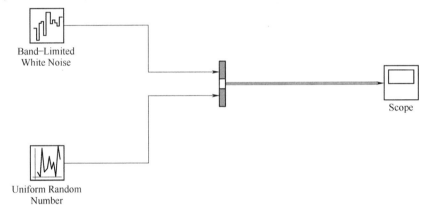

图 10-40   Simulink 模型图

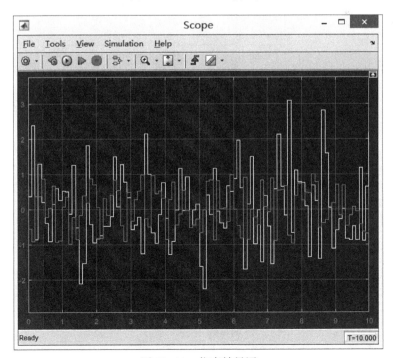

图 10-41   仿真结果图

10.9　Simulink 仿真在控制系统中的应用

【例 10-12】　建立如图 10-42 所示非线性控制系统的 Simulink 模型并仿真，用示波器观测 $C(t)$ 值，并画出其响应曲线。

解：

（1）新建一个模型窗口。

（2）从 Simulink 的模块库中把需要的模块复制到工作区。

（3）连接以上模块，构成仿真模型，如图 10-43 所示。

（4）配置仿真参数。双击 Transfer Fcn，在 num 文本框中输入"［0，0，10］"，den 文本框中输入"［1，3，2］"。（5）在用户窗口 Simulation 菜单中选择 Configuration Parameters 命令，仿真开始，双击 Scope 模块，此时就可以看到如图 10-44 所示的输出曲线。

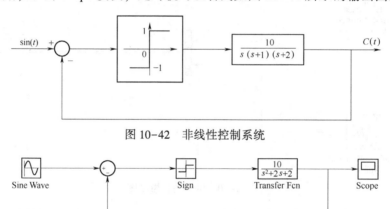

图 10-42　非线性控制系统

图 10-43　Simulink 模型

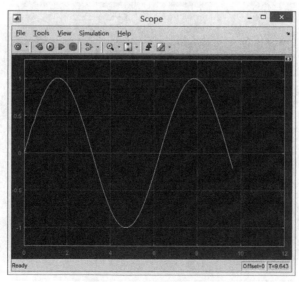

图 10-44　仿真响应曲线

10.10 Simulink 仿真在数学计算中的应用

【例 10-13】 假设系统的微分方程为:

$$r''(t) + 3r'(t) + 2r(t) = e(t)$$

其中

$$e(t) = u(t)$$

求该系统的零状态响应。

解：令等式右边等于零，则可求得方程的两个特征根为：$r_1 = -1$，$r_2 = -2$，所以该系统的零状态响应为：

$$r(t) = Ae^{-t} + Be^{-2t} + C$$

其中 C 为方程的一个特解，由微分方程可知，等式右边没有冲激函数及冲激函数的微分，故系统在零负到零正的过程中没有发生跳变，则 C 为一个常数。

将 C 代入方程可得 $C = 1/2$，由于零状态响应时系统的初值都为零，即 $r(0-) = 0$，$r'(0-) = 0$，且系统无跳变，则 $r(0+) = 0$，$r'(0+) = 0$，代入 $r(t)$ 得：

$$A + B + 1/2 = 0$$
$$-A - 2B + 1/2 = 0$$

解得：

$$A = -3/2，B = 1$$

所以系统的零状态响应为：

$$r(t) = -3/2e^{-t} + e^{-2t} + 1/2$$

Simulink 仿真：根据系统的微分方程可编辑仿真模型如图 10-45 所示。

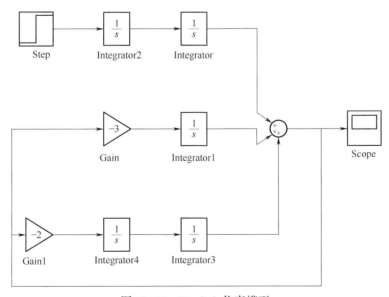

图 10-45 Simulink 仿真模型

单击运行按钮 ▶，可以得到波形图，如图 10-46 所示。

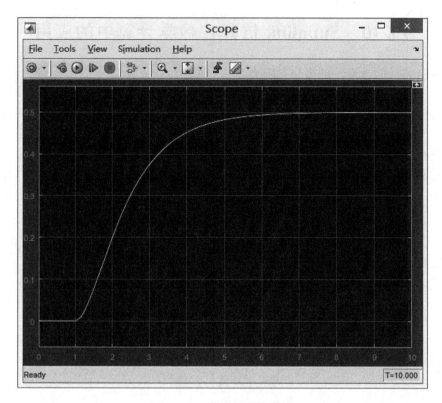

图 10-46　仿真结果波形图

【例 10-14】　给定输入信号 $y = \sin\left(t + \dfrac{\pi}{6}\right)$，求给定指定信号经过比例、积分、微分运算后的输出信号。

解：

（1）新建一个模型窗口。

（2）从 Simulink 的模块库中把需要的模块复制到工作区。

（3）连接以上模块，构成仿真模型，如图 10-47 所示。

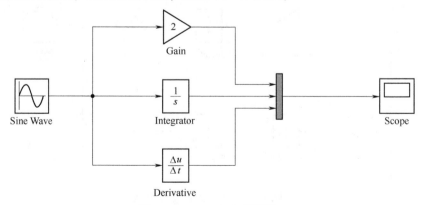

图 10-47　Simulink 模型图

（4）配置仿真参数。双击 Sine Wave 模块，输入题目要求的参数。

（5）在用户窗口 Simulation 菜单中选择 Configuration Parameters 命令，仿真开始，双击 Scope 模块，此时就可以看到如图 10-48 所示的输出曲线。

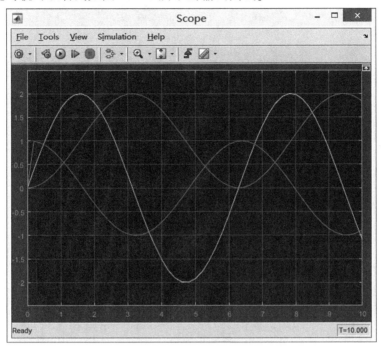

图 10-48　仿真结果波形图

【例 10-15】　给定系统 $F(s) = \dfrac{3.2s^2 + 7.2s + 1}{4s^3 + 3.4s^2 + 4.5s + 8.3}$，求该系统对 Step 信号的响应，并同时给出 Step 曲线。

解：

（1）新建一个模型窗口。

（2）从 Simulink 的模块库中把需要的模块复制到工作区。

（3）连接以上模块，构成仿真模型，如图 10-49 所示。

（4）配置仿真参数。双击 Transfer Fcn 模块，在 num 文本框中输入 "［0，3.2，7.2，1］"，den 文本框中输入 "［4，3.4，4.5，8.3］"。

（5）在用户窗口 Simulation 菜单中选择 Configuration Parameters 命令，仿真开始，双击 Scope 模块，此时就可以看到如图 10-50 所示的输出曲线。

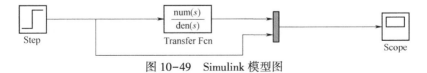

图 10-49　Simulink 模型图

【例 10-16】　给定系统 $\dfrac{d^2 y}{dx^2} + 6\dfrac{d^2 y}{dx^2} + 41\dfrac{dy}{dx} + 7y = 6\sin x$，采用状态空间模型求取系统输

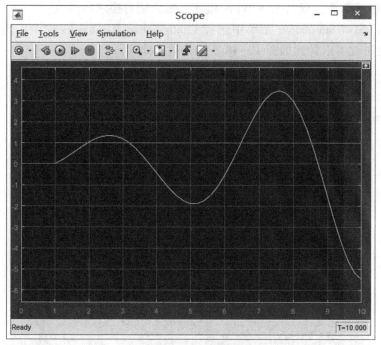

图 10-50　信号响应曲线

出响应曲线，转化为动态方程为 $x = \begin{bmatrix} x_1 \\ x_2 \\ x_3 \end{bmatrix} = \begin{pmatrix} 0 & 1 & 0 \\ 0 & 0 & 1 \\ -7 & -41 & -6 \end{pmatrix} \begin{bmatrix} x_1 \\ x_2 \\ x_3 \end{bmatrix} + \begin{bmatrix} 0 \\ 0 \\ 6 \end{bmatrix} u$。

解：（1）新建一个模型窗口。

（2）从 Simulink 的模块库中把需要的模块复制到工作区。

（3）连接以上模块，构成仿真模型，如图 10-51 所示。

（4）配置仿真参数。

（5）在用户窗口 Simulation 菜单中选择 Configuration Parameters 命令，仿真开始，双击 Scope 模块，此时就可以看到如图 10-52 所示的输出曲线图。

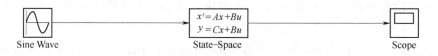

图 10-51　Simulink 模型图

【例 10-17】　假设有微分方程：$x'(t) = -2x(t) + u(t)$，其中 $u(t)$ 是幅度为 1、频率为 1rad/s 的方波信号，试对该微分方程进行建模和模拟。

解：该模型中需要的其他模块包括一个 Gain 模块和一个 Sun 模块。要产生方波信号，可以使用 Signal Generator 模块，双击该模块后选择方波（Square）并改变频率单位为 rad/sec。把所需要的模块复制好后，把 Gain 模块的增益参数设为 2。然后进行连线，模型如图 10-53 所示。同样，用 Scope 模块来观看最后的输出结果，如图 10-54 所示。

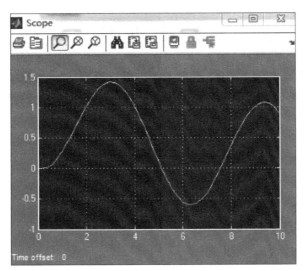

图 10-52　信号响应曲线图

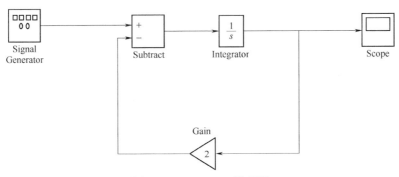

图 10-53　Simulink 模型图

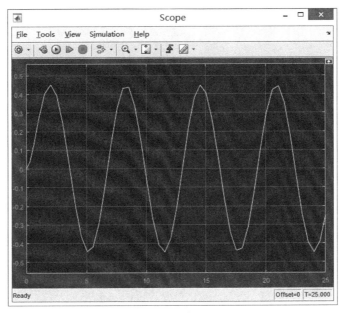

图 10-54　仿真结果图

本 章 小 结

　　本章介绍了 Simulink 工具箱的使用方式，详细描述了 Simulink 工具箱的模块以及其功能，通过实例介绍了 Simulink 工具箱在信号处理、RLC 电路以及控制系统典型环节仿真中的应用。

参 考 文 献

[1] 刘树堂. 杆系结构有限元分析与 MATLAB 应用 [M]. 北京：中国水利水电出版社，2007.

[2] 贺超英，王少喻. MATLAB 应用与实验教程（第 2 版）[M]. 北京：电子工业出版社，2013.

[3] 陈无畏. 系统建模与计算机仿真 [M]. 北京：机械工业出版社，2013.

[4] 刘白雁. 机电系统动态仿真——基于 MATLAB/Simulink [M]. 2 版. 北京：机械工业出版社，2017.

[5] 艾冬梅，李艳晴，张丽静，刘琳. MATLAB 与数学实验 [M]. 2 版. 北京：机械工业出版社，2016.

[6] 贺利乐. 机械系统动力学 [M]. 北京：国防工业出版社，2014.

[7] 原思聪. MATLAB 语言及机械工程应用 [M]. 北京：机械工业出版社，2008.

[8] 陈怀琛. MATLAB 及在理工课程中的应用指南 [M]. 3 版. 西安：西安电子科技大学出版社，2007.

[9] 王永德，王军. 随机信号分析基础 [M]. 北京：电子工业出版社，2013.

[10] 李国勇. 计算机仿真技术与 CAD——基于 MATLAB 的控制系统 [M]. 3 版. 北京：电子工业出版社，2012.

[11] 隋涛. 计算机仿真技术——MATLAB 在电气、自动化专业中的应用 [M]. 北京：机械工业出版社，2015.

[12] 刘二根，王广超，朱旭生. MATLAB 与数学实验 [M]. 北京：国防工业出版社，2014.

[13] 许东，吴铮. 基于 MATLAB 6.x 的系统分析与设计——神经网络 [M]. 2 版. 西安：西安电子科技大学出版社，2002.

[14] 陈明，等. MATLAB 神经网络原理与实例精解 [M]. 北京：清华大学出版社，2013.

[15] 陈怀琛，吴大正，高西全. MATLAB 及在电子信息课程中的应用 [M]. 北京：电子工业出版社，2004.

[16] 陈鹏展，祝振敏. MATLAB 仿真及在电子信息与电气工程中的应用 [M]. 北京：人民邮电出版社，2016.

[17] 刘卫国. MATLAB 程序设计及应用 [M]. 北京：高等教育出版社，2006.

[18] 杨叔子，杨克冲，吴波，熊良才. 机械工程控制基础 [M]. 6 版. 武汉：华中科技大学出版社，2011.